卓越航空工程师培养系列教材

高等数学基础

主　编　谷瑞娟

副主编　田俊改　林　洁　关　静

北京航空航天大学出版社

内容简介

本书是为工科专业本科生撰写的高等数学系列课程的基础教材。全书共 5 章，既包括高等数学内容的学习基础，即数学基础、实数集和常用函数；又包括平面解析几何的内容，该内容为线性代数的学习提供了基础知识；还包括作为复变函数基础的复数内容。

本书结构严谨，内容充实，融入了编者团队的教学和研究成果，是一本适合衔接中学数学和大学数学的教材。本教材不仅可作为国内中法工程师学院预科教学教材，还可作为法国工程师入学考试的参考书。

图书在版编目(CIP)数据

高等数学基础 / 谷瑞娟主编. --北京：北京航空航天大学出版社，2023. 9

ISBN 978-7-5124-4167-5

Ⅰ. ①高… Ⅱ. ①谷… Ⅲ. ①高等数学–高等学校–教材 Ⅳ. ①O13

中国国家版本馆 CIP 数据核字(2023)第 172088 号

版权所有，侵权必究。

高等数学基础

主　编　谷瑞娟

副主编　田俊改　林　洁　关　静

策划编辑　周世婷　　责任编辑　周世婷

*

北京航空航天大学出版社出版发行

北京市海淀区学院路 37 号（邮编 100191）　http://www.buaapress.com.cn

发行部电话：（010）82317024　传真：（010）82328026

读者信箱：goodtextbook@126.com　邮购电话：（010）82316936

北京九州迅驰传媒文化有限公司印装　各地书店经销

*

开本：787×1 092　1/16　印张：8　字数：195 千字

2023 年 9 月第 1 版　2023 年 9 月第 1 次印刷

ISBN 978 - 7 - 5124 - 4167 - 5　定价：29.00 元

若本书有倒页、脱页、缺页等印装质量问题，请与本社发行部联系调换。联系电话：（010）82317024

卓越航空工程师培养系列教材

编 委 会

编委会主任：李顶河

编委会副主任：牛一凡　马　龙

执 行 编 委（按姓氏笔画排序）：

王亚如　田俊改　刘文然　关　静

李　文　李晓璇　张艳峰　谷瑞娟

林　洁　胡艳敏　胡雪兰　秦　哲

徐登明

丛书序

为贯彻落实《国家中长期教育改革和发展规划纲要（2010—2020 年）》和《国家中长期人才发展规划纲要（2010—2020 年）》，2010 年 6 月 23 日，教育部在天津大学召开“卓越工程师教育培养计划”启动会，联合有关部门和行业协（学）会，共同实施“卓越工程师教育培养计划”（下简称“卓越计划”）。卓越计划是促进我国由工程教育大国迈向工程教育强国的重大举措，旨在培养造就一大批创新能力强、适应经济社会发展需要的各类型高质量工程技术人才，为国家走新型工业化发展道路、建设创新型国家和人才强国战略服务。

中欧航空工程师学院（简称“中欧学院”）是经教育部批准（教外综函 [2007]37 号），由中国民航大学与法国航空航天大学校集团于 2007 年合作创办的中国唯一一家航空领域精英工程师学院，旨在充分借鉴法国航空工程师培养优质教育模式，提升我国民航高级工程技术与管理人才的培养层次和水平。中欧学院创建 15 年来，历经“引进吸收—融合提升—创新示范”三个阶段，秉承“融合中法教育理念、创新工程教育模式、持续提高人才核心竞争力和学院国际影响力”的指导思想，坚持“突出特色、强化优势、立足航空、面向世界”的办学定位，提出“培养具有浓厚家国情怀、深厚数理基础、广博学科专业知识，跨文化交流与协作、系统思维、卓越工程素养与创新能力，从事航空工程领域研发、制造与运行的国际化复合型高端人才”的培养目标。办学成果受到中法两国政府、教育部、民航局、中欧合作院校及航空企业的高度认可。2011 年，中欧学院被纳入国家教育部“卓越工程师教育培养计划”。2016 年获得“中法大学合作优秀项目”（全国共 10 个单位）。2013 和 2019 年先后两次获得法国工程师学衔委员会（CTI）最高等级认证，被誉为中外合作办学的典范。2019 年新华社对中欧学院办学特色及成果进行专题报道，赞誉中欧学院在中法航空航天领域合作中起到积极推动作用。

本系列教材是在系统总结中欧学院 10 余年预科教学本土化建设经验基础上，面向“新工科”背景下卓越航空工程师培养的相关专业编制而成，内容紧扣人才培养目标中“深厚数理基础”的目标要求，支撑多门专业基础课程。教材内容覆盖面广、知识融合度高、注重学生思维能力培养，且从学生学习规律出发，采用循序渐进、由浅入深的方式，方便学生自主学习。设置大量理工融合、层次递进、综合设计性强的课后练习题，力图打牢学生基础，提升学生解决复杂问题的能力。

本系列教材可以作为国内工科专业卓越工程师培养的教学参考书，也可作为备考法国工程师院校入学考试的参考书籍，我们希望本系列教材的出版能够助力我国卓越工程师培养计划，为国家培养更多的高素质人才。

编委会

2023 年 8 月

前 言

2020 年，教育部印发《教育部关于在部分高校开展基础学科招生改革试点工作的意见》，在部分高校开展“强基计划”，选拔培养综合素质优秀、基础学科拔尖并且有志于服务国家重大战略需求的学生。“强基计划”突出强调基础学科的引领与支撑作用，在理念和出发点上与法国工程师培养体系不谋而合。目前，北京航空航天大学、上海交通大学、中山大学、南京理工大学等许多高校都引进了法国工程师培养体系作为卓越工程师培养的一种模式。法国的预科教学主要开设数学和物理两门课程，目标是为学生进入工程师阶段的学习打下深厚的数理基础。鉴于法国预科数学课程与国内数学课程在教学模式上存在较大差异，为了适应本土化预科数学教学的需要，我们编写了本教材。本教材内容主要涉及数学分析课程的引论，也是中学数学到高等数学过渡的桥梁内容。本教材不仅可作为国内中法工程师学院预科数学教材，还可作为法国工程师入学考试的参考书。

本书主要内容有：第 1 章为数学基础, 主要介绍基本的数理逻辑概念与数学证明方法，以及如何准确地使用数学语言描述问题。这些内容为后续数学概念的理解和证明途径的掌握奠定了基础。第 2 章为复数，第 3 章为初等平面几何，这两章内容是连接平面几何和线性代数的桥梁，读者通过这部分的学习，能够把高中时学过的几何问题用线性代数方法进行描述与分析，可以为向量空间的学习打好基础。第 4 章为实数集，通过本章的学习，读者可以理解实数集合的基本概念、定理和证明方法，为后续实值函数分析理论的学习做准备。第 5 章为常用函数，通过本章的学习，读者可以掌握快速、准确的计算方法，为数学分析和微分方程的学习打下良好的基础。

本教材的编写参照了法国预科数学教材和曾经在我院任教的外籍教师编写的法语版预科数学教学讲义，在此对 David Lecomte 先生表示诚挚的感谢，他为本教材提供了宝贵的参考资料，并提供了大量的帮助。同时，感谢徐登明老师对本教材的指导，感谢王瑞昕老师对文稿提出的宝贵意见。

由于编者水平有限，书中难免有不足之处，恳请读者批评指正！

编 者

2023 年 1 月

词汇表

法　语	中　文	法　语	中　文
第 1 章			
logique	逻辑	proposition	命题
connecteurs	逻辑联结词	l'équivalence	等价联结词
la négation	否定联结词	la conjonction	合取联结词
la disjonction	析取联结词	l'implication	蕴涵联结词
ensemble	集合	application	映射
injection	单射	surjection	满射
bijection	双射	application réciproque	逆映射
restriction	限制映射	prolongement	延拓映射
第 2 章			
nombres complexes	复数	racines n-èmes d'un nombre complexe	复数的 n 次方根
nombres réels	实数	décomposition canonique	标准分解
opérations	运算	module d'un nombre complexe	复数的模
associative	可结合的	conjugaison	共轭
commutative	可交换的	définition	定义
neutre	零元	L'exponentielle complexe	复指数
opposé pour l'addition	相反数	argument	辐角
partie réelle	实部	la forme trigonométrique	三角形式
partie imaginaire	虚部	racines carrées	平方根
第 3 章			
plan affine	仿射平面	plan vectoriel	向量平面
vecteur nul	零向量	addition	加法
relation de Chasles	Chasles 关系	translaté	平移
colinéarité	共线	bases	基底
norme	范数	distance	距离
affixe	附标	angles orientés	方向角、有向角、到角
Le produit scalaire	内积、数量积、点乘	Le déterminant	行列式
coordonnées cartésiennes	笛卡儿坐标	repère	标架
équation cartésienne	笛卡儿方程	équation polaires	极坐标方程
équation paramétrique	参数方程	droites	直线
si et seulement si	当且仅当	proportionnelles	成比例的
confondues	重合	dirigée par	由 · · · 定向的
parallèles	平行的	cercles	圆
transformations du plan	平面中的变换	translations	平移
homothéties	位似变换	rotations	旋转
similitudes directes	正向相似变换	—	—

词汇表

法　语	中　文	法　语	中　文
第 4 章			
le corps des nombres réels	实数域	intervalle	区间
rationnel	有理数	segment	闭区间
irrationnel	无理数	intervalle ouvert	开区间
majorée	有上界	propriété d'Archimède	阿基米德性质
minorée	有下界	les parties convexes	凸子集
bornée	有界	partie entière	整数部分
la borne supérieure	上确界	dense	稠密的
la borne inférieure	下确界	période	周期
valeur absolue	绝对值	T-périodique	T-周期的
inégalité triangulaire	三角不等式	—	—
第 5 章			
le logarithme népérien	自然对数函数	fonctions hyperboliques	双曲函数
l'exponentielles népérienne	自然指数函数	fonction sinus hyperbolique	双曲正弦函数
le logarithme de base a	以 a 为底的对数函数	fonction cosinus hyperbolique	双曲余弦函数
l'exponentielles de base a	以 a 为底的指数函数	fonction tangente hyperbolique	双曲正切函数
fonctions circulaires réciproques	反三角函数	fonctions hyperboliques réciproques	反双曲函数
la fonction arcsinus	反正弦函数	argument sinus hyperbolique	反双曲正弦函数
la fonction arccosinus	反余弦函数	argument cosinus hyperbolique	反双曲余弦函数
la fonction arctangente	反正切函数	argument tangente hyperbolique	反双曲正切函数

目　录

第 1 章　数学基础

本章主要介绍数理逻辑中的基础知识. 数理逻辑是用数学方法研究逻辑或形式逻辑的学科, 本质上仍属于知性逻辑的范畴. 数理逻辑又称符号逻辑、理论逻辑. 它既是数学的一个分支, 也是逻辑学的一个分支.

§1.1　逻　辑

§1.1.1　命题、定理

数理逻辑是研究推理的数学分支, 推理由一系列陈述句组成.

定义 1.1.1　能够判断真假的陈述句叫作**命题** (propositon). 命题的判断结果称为命题的**真值**. 真值只取两个值: 真或者假. 真值为真的命题称为**真命题**, 真值为假的命题称为**假命题**.

因此, 真命题表达的判断正确, 假命题表达的判断错误. 任何命题的真值都是唯一的.

定义 1.1.2　不能被分解成更简单的命题称为**简单命题**或**原子命题**. 由简单命题通过联结词联结而成的命题称为**复合命题**.

判断给定的句子是否为命题应该分两步: 第一步判定它是否为陈述句, 第二步判断它是否有唯一的真值.

例 1.1.1　判断下列句子是否是命题.

(1) 4 是素数.

(2) $\sqrt{5}$ 是无理数.

(3) x 大于 y, 其中, x 和 y 是任意的两个数.

(4) 火星上有水.

(5) 2012 年 12 月 31 日是世界末日.

(6) π 大于 $\sqrt{2}$ 吗?

(7) 请不要吸烟!

(8) 这朵花真漂亮啊!

(9) 我正在说假话.

解　其中 (1), (2), (4), (5) 是命题. (1) 是假命题, (2) 是真命题, (4) 的真值是客观存在的, 而且是唯一的, 因此是命题. 同样 (5) 也是命题, 真值为假. (9) 既不能为真, 也不能为假, 因此不是命题. 像 (9) 这样由真能推出假, 又由假能推出真, 从而既不能为真又不能为假的陈述句称为**悖论**. 悖论不是命题.

注 1.1.1　(1) 一般用 "1" 或 "V" 或者 "T" 表示命题为真, 用 "0" 或 "F" 表示命题为假.

(2) 常用大写字母 $P, Q, R, \cdots$ 表示命题. 比如, 用 P, Q, R, S 分别表示例 1.1.1 中的 4 个命题, 则:

P: 4 是素数.

Q: $\sqrt{5}$ 是无理数.

R: 火星上有水.

S: 2050 年元旦是晴天.

它们称为这些命题的**符号化形式**. 其中, P 的真值为 0, Q 的真值为 1, R 和 S 的真值现在还不知道. 这 4 个命题都是简单命题.

(3) 命题的真值会随着时间、地点、人物等因素的变化而变化.

定义 1.1.3　逻辑中的真命题称为**定理**或**重言式**.

注 1.1.2　在数学中, 接触到的定理 (théorème)、引理 (lemma)、命题 (proposition)、推论 (corollaire) 全是定理.

(1) 定理一定是真命题, 通常是重要的、基本的命题, 不一定是很难的结论, 但一定是数学课的基础.

(2) 命题指的是大部分真命题.

(3) 引理是真命题, 利用它通常可以得到一个定理或者其他真命题.

(4) 推论是由定理或真命题直接可以得出的一个真命题.

§1.1.2　逻辑联结词

例 1.1.2　先将下面各陈述句中出现的原子命题符号化, 并指出它们的真值, 然后再写出这些陈述句:

(1) $\sqrt{2}$ 不是有理数.

(2) 2 是偶素数.

(3) 2 或 4 是素数.

(4) 如果 2 是素数, 则 3 也是素数.

(5) 自然数 2 是素数当且仅当 3 也是素数.

解　在这 5 个题目中共有 5 个原子命题, 将它们分别符号化:

P: $\sqrt{2}$ 是有理数.

Q: 2 是素数.

R: 2 是偶数.

S: 3 是素数.

T: 4 是素数.

P, T 的真值是 0, 其余的真值是 1. 将原子命题的符号带入, 上述各陈述句可表成: (1) 非 P (P 不成立); (2) Q 并且 (与) R; (3) Q 或 T; (4) 如果 Q, 则 S; (5) Q 当且仅当 S.

本例中出现了 5 个联结词: 非、并且、或、如果……, 则……、当且仅当. 这些逻辑联结词 (connecteurs) 也是自然语言中常用的联结词.

1. 等价联结词 (L'équivalence)

定义 1.1.4 设 P, Q 为两个命题, 复合命题 "P 当且仅当 Q" 称作 P 与 Q 的**等价式**, 记作 $P \Leftrightarrow Q$. 符号 $\Leftrightarrow$ 称作**等价联结词**. 规定 $P \Leftrightarrow Q$ 为真当且仅当 P 与 Q 同时为真或同时为假.

P 与 Q 的等价式 $P \Leftrightarrow Q$ 的真值可以由表 1.1 来表示.

表 1.1 真值表

P	Q	$P \Leftrightarrow Q$
1	1	1
1	0	0
0	1	0
0	0	1

例 1.1.3 将下列命题符号化, 并指出它们的真值.

(1) $\sqrt{3}$ 是无理数当且仅当加拿大位于亚洲.

(2) $2+3=5$ 当且仅当 $\sqrt{3}$ 是无理数.

(3) 若两圆 C_1, C_2 面积相等, 则它们的半径 r_1, r_2 相等; 反之亦然.

解 设 P: $\sqrt{3}$ 是无理数, 真值为 1; Q: 加拿大位于亚洲, 真值为 0.

(1) 可符号化为 $P \Leftrightarrow Q$, 真值为 0.

设 R: $2+3=5$, 真值为 1.

(2) 可符号化为 $R \Leftrightarrow P$, 真值为 1.

设 S: 两圆 C_1, C_2 面积相等; T: 两圆 C_1, C_2 的半径 r_1, r_2 相等.

(3) 可符号化为 $S \Leftrightarrow T$. 由于 S 与 T 之间有内在联系, S 为真时 T 也为真; S 为假时 T 也为假. 故 $S \Leftrightarrow T$ 的真值为 1.

注 1.1.3 在自然语言中, P 当且仅当 Q, 往往具有某种内在联系, 而数理逻辑是研究抽象地推理, 因此 P 和 Q 可以没有任何内在联系.

2. 否定联结词 (La négation)

定义 1.1.5　设 P 为命题, 复合命题 "非 P"(或 "P 的否定") 称为 P 的**否定式**, 记作 $\neg P$. 符号 $\neg$ 称作**否定联结词**. 规定 $\neg P$ 为真当且仅当 P 为假.

$\neg P$ 的真值可以由表 1.2 来表示.

表 1.2　真值表

P	$\neg P$
1	0
0	1

3. 合取联结词 (La conjonction)

定义 1.1.6　设 P,Q 为两个命题, 复合命题 "P 并且 Q" (或 "P 与 Q") 称为 P 与 Q 的**合取式**, 记作 $P \wedge Q$. 符号 $\wedge$ 称作**合取联结词**. 规定 $P \wedge Q$ 为真当且仅当 P 与 Q 同时为真.

命题的合取式的真值可由表 1.3 来表示.

表 1.3　真值表

P	Q	$P \wedge Q$
1	1	1
1	0	0
0	1	0
0	0	0

注 1.1.4　使用联结词 $\wedge$ 要注意:

(1) $\wedge$ 的灵活性. 自然语言中 "既...... 又......" "不但...... 而且......" "虽然...... 但是......" "一面...... 一面......" 等都表示两件事情同时成立.

(2) 合取式中的两个命题之间可以没有逻辑关系.

(3) 不要见到 "与" "和" 就使用合取联结词, 见例 1.1.4.

例 1.1.4　将下列命题符号化:

(1) 吴颖既用功又聪明.

(2) 吴颖不仅用功而且聪明.

(3) 吴颖虽然聪明, 但不用功.

(4) 张辉与王丽都是三好生.

(5) 张辉与王丽是同学.

解　在 (1)~(4) 中共有 4 个原子命题, 将它们分别符号化:

P: 吴颖用功.

Q: 吴颖聪明.

R: 张辉是三好生.

S: 王丽是三好生.

(1)~(4) 都是复合命题, 它们使用的联结词表面看来各不相同, 但都是合取的意思, 分别符号化:

$$P \wedge Q, P \wedge Q, Q \wedge \neg P, R \wedge S.$$

而 (5) 是原子命题, 将其符号化为 T: 张辉与王丽是同学.

4. 析取联结词 (La disjonction)

定义 1.1.7 设 P, Q 为两个命题, 复合命题 "P 或 Q" 称为 P 与 Q 的**析取式**, 记作 $P \vee Q$. 符号 $\vee$ 称作**析取联结词**. 规定 $P \vee Q$ 为假当且仅当 P 与 Q 同时为假.

命题的析取式的真值可由表 1.4 来表示.

表 1.4 真值表

P	Q	$P \vee Q$
1	1	1
1	0	1
0	1	1
0	0	0

例 1.1.5 设 $P: 4 > 3, Q: 4 < 5$, 则 $P \wedge Q: 3 < 4 < 5$, $P \vee Q: 4 > 3$ 或 $4 < 5$. 真值都为 1.

注 1.1.5 (1) 析取联结词中的"或"有时具有相容性 (连接的两个命题可以同时为真), 有时具有排斥性 (指联结的两个命题一个为真一个为假时, 才为真), 分别称为"相容或"和"排斥或". 例如, 他喜欢学数学或喜欢学法语 (相容或); 数学 TD 课只能选择上午上或下午上 (排斥或).

(2) 析取式中的两个命题之间可以没有内在联系.

5. 蕴涵联结词 (L'implication)

定义 1.1.8 设 P, Q 为两个命题, 复合命题 "如果 P, 则 Q" 称为P **与** Q **的蕴涵式**, 记作 $P \Rightarrow Q$, 并称 P 是蕴涵式的前件, Q 是蕴涵式的后件. 符号 $\Rightarrow$ 称作**蕴涵联结词**. 规定 $P \Rightarrow Q$ 为假当且仅当 P 为真 Q 为假.

P 与 Q 的蕴涵式 $P \Rightarrow Q$ 的真值可以由表 1.5 来表示.

注 1.1.6 (1) 自然语言中, $P \Rightarrow Q$ 有多种不同的叙述方式, 如 "只要 P, 就 Q""因为 P, 所以 Q""P 仅当 Q", "只有 Q 才 P""除非 Q 才 P" "除非 Q, 否则非 P" 等, 都应符号化为 $P \Rightarrow Q$.

(2) 自然语言中 "如果 P, 则 Q" 中的前件 P 与后件 Q 往往具有某种内在联系, 而数理逻辑是研究抽象的推理, P 与 Q 可以没有任何内在联系.

例如: "因为 $2<3$, 所以 $1+1=2$" 在通常意义下是毫无意义的. 但在数理逻辑中, 设 $P:2<3$, $Q:1+1=2$, 符号化为: $P\Rightarrow Q$, 因为 P,Q 均为真, 故 $P\Rightarrow Q$ 为真. 因此, $P\Rightarrow Q$ 为真仅表示 P 与 Q 的取值关系 (P 为真时, Q 必为真; Q 为假时, P 必为假), 而与 P,Q 有无内在联系无关.

表 1.5　真值表

P	Q	$P\Rightarrow Q$
1	1	1
1	0	0
0	1	1
0	0	1

例 1.1.6　将下列命题符号化, 并指出它们的真值, 其中, a 是给定的正整数.

(1) 如果 $3+3=6$, 则雪是白色的.

(2) 如果 $3+3\neq 6$, 则雪是白色的.

(3) 如果 $3+3=6$, 则雪不是白色的.

(4) 如果 $3+3\neq 6$, 则雪不是白色的.

(5) 只要 a 能被 4 整除, 则 a 一定能被 2 整除.

(6) a 能被 4 整除, 仅当 a 能被 2 整除.

(7) 除非 a 能被 2 整除, a 才能被 4 整除.

(8) 除非 a 能被 2 整除, 否则 a 不能被 4 整除.

(9) 只有 a 能被 2 整除, a 才能被 4 整除.

(10) 只有 a 能被 4 整除, a 才能被 2 整除.

解　设 $P:3+3=6$, 真值为 1; 设 Q: 雪是白色的, 真值为 1.

(1)~(4) 的符号化形式分别为: $P\Rightarrow Q$, $\neg P\Rightarrow Q$, $P\Rightarrow\neg Q$, $\neg P\Rightarrow\neg Q$, , 这 4 个复合命题的真值分别为 1,1,0,1. 这 4 个蕴涵式的前件和后件没有内在联系.

设 R: a 能被 4 整除, S: a 能被 2 整除. 分析可知, (5)~(9) 的符号化都是 $R\Rightarrow S$. 由于 a 是给定的正整数, 因而 R 和 S 的值是客观存在的, 并且若 R 为真时, S 必为真, 从而 $R\Rightarrow S$ 不会出现前件真后件假的情况, 所以 $R\Rightarrow S$ 的真值为 1. 而 (10) 应符号化为 $S\Rightarrow R$, 其真值与 a 的取值有关. 例如, 当 $a=8$ 时为真, 当 $a=6$ 时为假.

注 1.1.7　使用多个联结词可以组成更加复杂的复合命题, 除上述 5 个代表联结词的符号之外, 还可以使用 "()", 并且规定联结词的优先顺序为: (), $\neg$, $\wedge$, $\vee$, $\Rightarrow$, $\Leftrightarrow$; 对于同一优先级, 从左到右进行.

例 1.1.7 设 P : 北京比天津人口多, $Q : 2+2=4$, R : 乌鸦是白色的. 求下列复合命题的真值.

(1) $(\neg P \wedge Q) \vee (P \wedge \neg Q) \Rightarrow R$.

(2) $(Q \vee R) \Rightarrow (P \Rightarrow \neg R)$.

(3) $(\neg P \vee R) \Leftrightarrow (P \wedge \neg R)$.

解 P, Q, R 的真值分别为 1, 1, 0. 易得 (1) (2) (3) 的真值分别为 1, 1, 0.

定义 1.1.9 将命题变项用联结词和圆括号按一定的逻辑关系联结起来的符号串称为**命题公式或合式公式**.

例 1.1.8 写出下列公式的真值表:

(1) $(\neg P \wedge Q) \Rightarrow \neg R$.

(2) $(P \wedge \neg P) \Leftrightarrow (Q \wedge \neg Q)$.

(3) $\neg(P \Rightarrow P) \wedge Q \wedge R$.

解 (1) 的真值表见表 1.6, (2) (3) 的真值表同理可得.

表 1.6 真值表

P	Q	R	$\neg P$	$\neg R$	$\neg P \wedge Q$	$(\neg P \wedge Q) \Rightarrow \neg R$
0	0	0	1	1	0	1
0	0	1	1	0	0	1
0	1	0	1	1	1	1
0	1	1	1	0	1	0
1	0	0	0	1	0	1
1	0	1	0	0	0	1
1	1	0	0	1	0	1
1	1	1	0	0	0	1

定义 1.1.10 设 A 为一个命题公式.

(1) 若 A 在任何情况下取值均为真, 则称 A 是**重言式或永真式** (tautologie).

(2) 若 A 在任何情况下取值均为假, 则称 A 是**矛盾式或永假式**.

注 1.1.8 真值表可以用来判断命题公式的类型: 若真值表最后一列全为 1, 则公式为重言式; 若真值表最后一列全为 0, 则公式为矛盾式.

例 1.1.9 下列各公式均含两个命题变项 P 与 Q, 它们中哪些具有相同的真值表?

(1) $P \Rightarrow Q$.

(2) $P \Leftrightarrow Q$.

(3) $\neg(P \wedge \neg Q)$.

(4) $\neg Q \vee P$.

(5) $(P \Rightarrow Q) \wedge (Q \Rightarrow P)$.

例 1.1.10 下列公式中哪些具有相同的真值表?

(1) $P \Rightarrow Q$.

(2) $\neg Q \vee R$.

(3) $(\neg P \vee Q) \wedge ((P \wedge R) \Rightarrow P)$.

(4) $(Q \Rightarrow R) \wedge (P \Rightarrow P)$.

定义 1.1.11　设 P, Q 是两个命题.

(1) 若 $P \Rightarrow Q$ 为真, 则称 P 蕴含 Q, 称 P 是 Q 的**充分条件**, Q 是 P 的**必要条件**.

(2) 若 $P \Leftrightarrow Q$ 为真, 则称 P 和 Q 等价, 称 P 和 Q 互为**充要条件**, 读作 P 当且仅当 Q.

定理 1.1.1 (双重否定律)　设 P 是一个命题, 则

$$P \Leftrightarrow \neg(\neg P)$$

定理 1.1.2 (等价否定等值式)　设 P, Q 是两个命题, 则

$$(P \Leftrightarrow Q) \Leftrightarrow (\neg P \Leftrightarrow \neg Q)$$

证明: 做出真值表, 见表 1.7.

表 1.7　真值表

P	Q	$\neg P$	$\neg Q$	$P \Leftrightarrow Q$	$\neg P \Leftrightarrow \neg Q$
1	1	0	0	1	1
1	0	0	1	0	0
0	1	1	0	0	0
0	0	1	1	1	1

由表 1.7 可知, $P \Leftrightarrow Q$ 与 $\neg P \Leftrightarrow \neg Q$ 对应的两列完全相同, 因而它们等价.

定理 1.1.3 (摩根律)　设 P, Q 是两个命题, 则

(1) $\neg(P \vee Q) \Leftrightarrow (\neg P) \wedge (\neg Q)$.

(2) $\neg(P \wedge Q) \Leftrightarrow (\neg P) \vee (\neg Q)$.

证明: (1) 做出真值表, 见表 1.8.

表 1.8　真值表

P	Q	$P \vee Q$	$\neg(P \vee Q)$	$\neg P$	$\neg Q$	$(\neg P) \wedge (\neg Q)$
1	1	1	0	0	0	0
1	0	1	0	0	1	0
0	1	1	0	1	0	0
0	0	0	1	1	1	1

由表 1.8 可知, $\neg(P \vee Q)$ 与 $\neg P \wedge \neg Q$ 对应的两列完全相同, 因而它们等价

(2) 同理, 做出真值表, 见表 1.9.

表 1.9 真值表

P	Q	$P \wedge Q$	$\neg(P \wedge Q)$	$\neg P$	$\neg Q$	$(\neg P) \vee (\neg Q)$
1	1	1	0	0	0	0
1	0	0	1	0	1	1
0	1	0	1	1	0	1
0	0	0	1	1	1	1

由表 1.9 可知, $\neg(P \wedge Q)$ 与 $(\neg P) \vee (\neg Q)$ 对应的两列完全相同, 因而它们等价.

推论 1.1.1 设 P, Q 是两个命题, 则

(1) $P \vee Q \Leftrightarrow \neg((\neg P) \wedge (\neg Q))$.

(2) $P \wedge Q \Leftrightarrow \neg((\neg P) \vee (\neg Q))$.

证明: 由双重否定律, 有

$$P \vee Q \Leftrightarrow \neg(\neg(P \vee Q))$$

再由摩根律, 有

$$\neg(\neg(P \vee Q)) \Leftrightarrow \neg((\neg P) \wedge (\neg Q))$$

于是

$$P \vee Q \Leftrightarrow \neg((\neg P) \wedge (\neg Q))$$

同理可证明 (2) 成立.

§1.1.3 常用的重要重言式

虽然用真值表法可以判断任意两个命题公式的等价性或蕴含关系, 但是当命题公式中的命题较多时, 工作量就会很大. 另一个判断方法就是利用已知的重言式进行代换得到新的重言式.

定理 1.1.4 设 P, Q, R 是三个命题, 则

(1) 双重否定律 $P \Leftrightarrow \neg(\neg P)$.

(2) 幂等律 $P \Leftrightarrow P \vee P, P \Leftrightarrow P \wedge P$.

(3) 交换律 $P \vee Q \Leftrightarrow Q \vee P, P \wedge Q \Leftrightarrow Q \wedge P$.

(4) 结合律 $(P \vee Q) \vee R \Leftrightarrow P \vee (Q \vee R), (P \wedge Q) \wedge R \Leftrightarrow P \wedge (Q \wedge R)$.

(5) 分配律 $(P \vee Q) \wedge R \Leftrightarrow (P \wedge R) \vee (Q \wedge R), (P \wedge Q) \vee R \Leftrightarrow (P \vee R) \wedge (Q \vee R)$.

(6) 摩根律 $\neg(P \vee Q) \Leftrightarrow \neg P \wedge \neg Q, \neg(P \wedge Q) \Leftrightarrow \neg P \vee \neg Q$

(7) 吸收律 $P \vee (P \wedge Q) \Leftrightarrow P, P \wedge (P \vee Q) \Leftrightarrow P$.

(8) 零 律 $P \vee 0 \Leftrightarrow P, P \wedge 0 \Leftrightarrow 0$.

(9) 同一律 $P \vee 1 \Leftrightarrow 1, P \wedge 1 \Leftrightarrow P$.

(10) 排中律　$P \vee \neg P \Leftrightarrow 1.$

(11) 矛盾律　$P \wedge \neg P \Leftrightarrow 0.$

(12) 重言蕴涵式　$(P \Rightarrow Q) \Leftrightarrow \neg P \vee Q.$

(13) 重言等价式　$(P \Leftrightarrow Q) \Leftrightarrow ((P \Rightarrow Q) \wedge (Q \Rightarrow P)).$

(14) 假言易位　$(P \Rightarrow Q) \Leftrightarrow (\neg Q \Rightarrow \neg P).$

(15) 等价否定等值式　$(P \Leftrightarrow Q) \Leftrightarrow (\neg P \Leftrightarrow \neg Q).$

(16) 归谬论　$(\neg P \Leftrightarrow (Q \wedge \neg Q)) \Leftrightarrow P.$

(17) 附加律　$P \Rightarrow (P \vee Q), Q \Rightarrow (P \vee Q).$

(18) 化简律　$(P \wedge Q) \Rightarrow P, (P \wedge Q) \Rightarrow Q.$

(19) 假言推理　$((P \Rightarrow Q) \wedge P) \Rightarrow Q.$

(20) 拒取式　$((P \Rightarrow Q) \wedge \neg Q) \Rightarrow \neg P.$

(21) 析取三段论　$((P \vee Q) \wedge \neg Q) \Rightarrow P.$

(22) 假言三段论　$((P \Rightarrow Q) \wedge (Q \Rightarrow R)) \Rightarrow (P \Rightarrow R).$

(23) 等价三段论　$((P \Leftrightarrow Q) \wedge (Q \Leftrightarrow R)) \Rightarrow (P \Leftrightarrow R).$

例 1.1.11　证明以下常用的命题公式等价或者蕴含.

(1) $(P \Leftrightarrow Q) \Leftrightarrow (P \vee \neg Q) \wedge (\neg P \vee Q)$:

$$(P \Leftrightarrow Q) \xLeftrightarrow{\text{重言等价式}} (P \Rightarrow Q) \wedge (Q \Rightarrow P) \xLeftrightarrow{\text{重言蕴含式}} (\neg P \vee Q) \wedge (P \vee \neg Q)$$

(2) $(P \wedge Q) \Rightarrow P$:

$$(P \wedge Q) \Rightarrow P \xLeftrightarrow{\text{重言蕴含式}} \neg(P \wedge Q) \vee P \xLeftrightarrow{\text{摩根律, 结合律}} \neg P \vee \neg Q \vee P \Leftrightarrow V$$

(3) $P \Rightarrow (P \vee Q)$:

$$P \Rightarrow (P \vee Q) \xLeftrightarrow{\text{重言蕴含式}} \neg P \vee P \vee Q \Leftrightarrow V$$

(4) $(P \Rightarrow Q) \wedge \neg Q \Rightarrow \neg P$:

$$(P \Rightarrow Q) \wedge \neg Q \xLeftrightarrow{\text{重言蕴含式}} (\neg P \vee Q) \wedge \neg Q$$

$$\xLeftrightarrow{\text{分配律}} (\neg Q \wedge \neg P) \vee (\neg Q \wedge Q) \xLeftrightarrow{\text{矛盾律, 零律}} (\neg Q \wedge \neg P) \xRightarrow{\text{化简律}} \neg P$$

(5) $((P \Rightarrow Q) \wedge (Q \Rightarrow R)) \Rightarrow (P \Rightarrow R)$:

$$\begin{aligned}
((P \Rightarrow Q) \wedge (Q \Rightarrow R)) &\Leftrightarrow (\neg P \vee Q) \wedge (\neg Q \vee R) \\
&\Leftrightarrow (\neg P \wedge (\neg Q \vee R)) \vee (Q \wedge (\neg Q \vee R)) \\
&\Leftrightarrow (\neg P \wedge \neg Q) \vee (\neg P \wedge R) \vee (Q \wedge \neg Q) \vee (\neg Q \wedge R) \\
&\Leftrightarrow (\neg P \wedge \neg Q) \vee (\neg P \wedge R) \vee F \vee (\neg Q \wedge R) \\
&\Leftrightarrow (\neg P \wedge \neg Q) \vee (\neg P \wedge R) \vee (\neg Q \wedge R) \\
&\Rightarrow \neg P \vee \neg P \vee R \\
&\Leftrightarrow P \Rightarrow R
\end{aligned}$$

(6) $((P \Leftrightarrow Q) \wedge (Q \Leftrightarrow R)) \Rightarrow (P \Leftrightarrow R)$:

$$
\begin{aligned}
((P \Leftrightarrow Q) \wedge (Q \Leftrightarrow R)) &\Leftrightarrow ((P \Rightarrow Q) \wedge (Q \Rightarrow P)) \wedge ((Q \Rightarrow R) \wedge (R \Rightarrow Q)) \\
&\Leftrightarrow ((P \Rightarrow Q) \wedge (Q \Rightarrow R)) \wedge ((R \Rightarrow Q) \wedge (Q \Rightarrow P)) \\
&\Rightarrow (P \Rightarrow R) \wedge (R \Rightarrow P) \\
&\Leftrightarrow (P \Leftrightarrow R)
\end{aligned}
$$

§1.1.4 数学中的证明方法

数学证明中要注意以下几点:

(1) 弄清楚将要证明对象的前提条件和结论.

(2) 弄清原理: 证明过程中, 每一步所依赖的理论依据必须准确, 若所依赖的前提条件是著名的定理, 必须标明.

(3) 弄清依据: 理解数学推理的逻辑依据, 确保其准确性, 常见的命题依据需要标出, 如归谬律、原命题与逆否命题等价等.

(4) 按步骤书写, 保证证明过程的有序性.

下面介绍数学中常用的几种证明方法.

1. 直接证明法 (三段论)

设 P, Q 两个命题, $P \Rightarrow Q$ 为真. 若要证明 Q 为真, 只须证明 P 为真即可. 若要证明 $P \Rightarrow Q$ 为真, 只须证明 P, Q 均为真或 P 为假即可.

2. 反证法

利用原命题与逆否命题等价式 (假言易位) $(P \Rightarrow Q) \Leftrightarrow (\neg Q \Rightarrow \neg P)$ 来证明.

3. 归谬法

利用归谬论:

$$((P \Rightarrow Q) \wedge (P \Rightarrow \neg Q)) \Leftrightarrow \neg P$$

即

$$(P \Rightarrow (Q \wedge \neg Q)) \Leftrightarrow \neg P$$

来证明.

要证明 $\neg P$ 为真, 首先假设 P 为真, 然后找到一个命题 Q, 证明 $Q \wedge \neg Q$ 为真, 而 $Q \wedge \neg Q$ 为假, 从而 P 为假, $\neg P$ 为真.

4. 解释说明法

以证明 $((P \Rightarrow Q) \wedge (Q \Rightarrow R)) \Rightarrow (P \Rightarrow R)$ 为例.

要证 $((P \Rightarrow Q) \wedge (Q \Rightarrow R)) \Rightarrow (P \Rightarrow R)$ 为真, 须证: 若 $(P \Rightarrow Q) \wedge (Q \Rightarrow R)$ 为真, 则 $(P \Rightarrow R)$ 为真. 下面对 P 的真值分类讨论:

(1) 若 P 真, 由 $(P\Rightarrow Q)$ 为真, 知 Q 为真; 又 $(Q\Rightarrow R)$ 为真, 故 R 真, 从而 $(P\Rightarrow R)$ 真.

(2) 若 P 假, 则 $(P\Rightarrow R)$ 真.

综上, 若 $(P\Rightarrow Q)\wedge(Q\Rightarrow R)$ 为真, 则 $(P\Rightarrow R)$ 为真, 从而 $((P\Rightarrow Q)\wedge(Q\Rightarrow R))\Rightarrow(P\Rightarrow R)$.

5. 真值表法

直接利用真值表法证明.

例 1.1.12　证明: -1 的平方根不是实数.

证明: 利用归谬法证明.

设 P: -1 的平方根不是实数, 并假设 $\neg P$ 为真.

一方面, 已经知道 $\sqrt{-1}^2=\mathrm{i}^2=-1$. 另一方面, $\sqrt{-1}^2=\sqrt{-1}\times\sqrt{-1}=\sqrt{(-1)\times(-1)}=1$.

设 Q: $\sqrt{-1}$ 的平方等于 -1.

于是, $\neg P\Rightarrow Q\wedge\neg Q$ 均为真. 由归谬律, 得 P 为真.

注意: 平时 -1 的平方根不要写成 $\sqrt{-1}$.

§1.2　集合、命题函数、量词

§1.2.1　集合的一般概念

集合是不能精确定义的基本概念. 直观地说, 把一些事物汇集到一起组成的一个整体就叫做**集合**, 而这些事物就是这个集合的**元素**或**成员**. 集合通常用大写字母 $E,F,\cdots$ 表示, 集合的元素通常用小写字母 $a,b,\cdots$ 表示.

定义 1.2.1　设 E 是一个集合, a 是 E 的一个元素, 记作 $a\in E$, 读作 a 属于 E.

• 设 E 和 F 是两个集合, 称 E 包含于 F, 记作 $E\subset F$, 当且仅当 E 中的所有元素都在 F 中. 也称 E 是 F 的子集.

• 存在一个集合, 称为空集, 记作 $\varnothing$, 它包含于所有集合.

• 设 E 是一个集合. 存在一个集合, 称为 E 的幂集, 记作 $\mathscr{P}(E)$ 或 2^E, 它是由 E 的所有子集构成的集合.

集合的表示方法有以下两种:

(1) 列举法, 即写出集合中所有的元素. 例如: $E=\{1,2,3\}$, $F=\{a,b,c\}$ 等.

(2) 描述法, 即用集合中的元素所具有的性质进行描述. 例如: $\mathbb{N}=\{$所有的非负整数$\}$.

例 1.2.1　(1) 记 $\mathbb{N}$ 为所有非负整数的集合; $\mathbb{Z}$ 为所有整数的集合; $\mathbb{Q}$ 为所有有理数的集合, 即所有能表示成两个整数的商的实数的集合; $\mathbb{R}$ 为所有实数的集合; $\mathbb{C}$ 为所有复数的集合. 则

$$\mathbb{N}\subset\mathbb{Z}\subset\mathbb{Q}\subset\mathbb{R}\subset\mathbb{C}$$

(2) 设 E 是一个集合, 则 $\varnothing \in \mathscr{P}(E)$. 又设 F 是一个集合, 则

$$F \subset E \Longleftrightarrow F \in \mathscr{P}(E)$$

(3) 设 $E=\{1,2,3\}$, 则 E 的幂集 $\mathscr{P}(E)$ 为

$$\mathscr{P}(E)=\{\varnothing,\{1\},\{2\},\{3\},\{1,2\},\{2,3\},\{1,3\},\{1,2,3\}\}$$

注 1.2.1 设 E 和 F 是两个集合. 显然 $E=F$ 当且仅当 E 和 F 具有相同的元素. 因此, 两个集合 E 和 F 相等当且仅当 $E \subset F$ 且 $F \subset E$. 所以, 要证明两个集合相等, 只需要证明 E 中的所有元素都在 F 中, 并且 F 中的所有元素都在 E 中.

例 1.2.2 设 E 是满足如下方程组的数对 (x,y) 构成的集合:

$$\begin{cases} x+y=1 \\ x-y=-1 \end{cases}$$

设 $F=\{(0,1)\}$. 证明: $E=F$.

证明: 首先证明 $E \subset F$. 设 $(x,y) \in E$, 则

$$x+y=1 \quad \text{且} \quad x-y=-1$$

于是可解得 $x=0$ 且 $y=1$. 因此 $(x,y)=(0,1) \in F$. 故 $E \subset F$.

再证明 $F \subset E$. 在 F 中取一个元素, 因为 F 中只有一个元素 $(0,1)$, 所以只能取 $(0,1)$. 由于

$$0+1=1 \quad \text{且} \quad 0-1=-1$$

因此, $(0,1) \in E$. 故 $F \subset E$.

§1.2.2 命题函数、量词

1. 命题函数

先看两个例子.

例 1.2.3 (1) “x 是一个偶数” 不是一个命题. 因为在不知道变元 x 的取值的情况下, 不能判断这句话的真假. 但是, 当把 x 用一个具体的实数替代之后, 例如 $x=2$, 此时 “2 是一个偶数” 就变成了一个真命题.

(2) 同理, “$x^2+y \leqslant 0$” 也不是一个命题, 它的真假依赖于变元 x 和 y 的取值.

定义 1.2.2 设 $n \in \mathbb{N}^*$, E 是一个集合. E 上的 n 元**命题函数**$P(x_1,x_2,\cdots,x_n)$ 指的是一个依赖于变元 $x_1,x_2,\cdots,x_n$ 的陈述, 且当这些变元都被 E 中具体的元素替代之后, 这个陈述就变成一个命题.

例 1.2.4　(1) “$P(x): x^2 > 3$” 是 $\mathbb{R}$ 上的一元命题函数, 因为只要取定一个具体的实数 a, 就能判断 $P(a)$ 的真假. 例如, 当 $x = 2$ 时, “$2^2 > 3$” 是一个真命题; 当 $x = 1$ 时, “$1^2 > 3$” 是一个假命题. 而当 $x = 1 + \mathrm{i}$ 时, 得到 “$P(1 + \mathrm{i}) : 2\mathrm{i} > 3$”, 无法判断它的真假, 因而 $P(x)$ 不是定义在 $\mathbb{C}$ 上的命题函数.

(2) 同理, “$x^2 + y > 2$” 是 $\mathbb{R}$ 上的二元命题函数. 当 $x = 1$ 时, “$1 + y > 2$” 是 $\mathbb{R}$ 上的一元命题函数; 当 $y = 1$ 时, “$1 + 1 > 2$” 是一个假命题.

(3) “$P(x) : x > 1$” 是 $\mathbb{R}$ 上的命题函数, 但不是 $\mathbb{C}$ 上的命题函数.

注 1.2.2　*一般也可以对命题函数利用逻辑联结词, 其具体意义将在后面讲解.*

例 1.2.5　设 $P(x) : x < 5, Q(x) : x > 3$. 已知 $P(x)$ 和 $Q(x)$ 都是 $\mathbb{R}$ 上的命题函数, 则

(1) $\neg P(x):\ x \geqslant 5$.

(2) $P(x) \vee Q(x):\ x > 3$ 或 $x < 5$.

(3) $P(x) \wedge Q(x):\ 3 < x < 5$.

(4) $P(x) \Rightarrow Q(x):\ (x < 5) \Rightarrow (x > 3)$.

2. 量　词

定义 1.2.3　(1) **全称量词**　自然语言中, 诸如 “任意的”“所有的”“每一个”“一切的” 等词, 统称为全称量词, 常用符号 “$\forall$” 表示.

(2) **存在量词**　自然语言中, “存在”“有一个”“有的”“至少有一个” 等词, 统称为存在量词, 用符号 “$\exists$” 表示.

定义 1.2.4　设 E 是一个集合, $P(x)$ 是 E 上的一个命题函数, 则根据定义知, 只要将 x 用 E 中的任何元素 a 替代, $P(a)$ 就成为一个命题, 也就可以判断 $P(a)$ 的真假. 于是得到两个命题:

(1) 命题 “$\forall x \in E, P(x)$” 为真指的是 “对于 E 中每一个元素 a, $P(a)$ 均为真”.

(2) 命题 “$\exists x \in E, P(x)$” 为真指的是 “存在 E 中一个元素 a, 使得 $P(a)$ 为真”.

例 1.2.6　(1) “$\forall\, x \in \mathbb{R}, x^2 - 3x + 2 = (x - 1)(x - 2)$” 是一个真命题.

(2) “$\exists x \in \mathbb{C}, x^2 + 1 = 0$” 是一个真命题.

(3) “$\exists x \in \mathbb{R}, x^2 + 1 = 0$” 是一个假命题.

(4) “$\forall x \in \mathbb{R}, \exists y \in \mathbb{R}, x = y + 1$” 是一个真命题.

(5) “$\exists x \in \mathbb{R}, \forall y \in \mathbb{R}, x = y + 1$” 是一个假命题.

注 1.2.3　*(1) 对于不同的集合 E, 同一个命题的真值可能不同. (所以大家平时一定要注意写清是哪个集合, 避免出错)*

(2) 全称量词和存在量词同时出现时, 它们的顺序不能随意调换, 例如例 1.2.6 中的 (4) 和 (5). 两个全称量词或两个存在量词同时出现时, 它们的顺序可以调换.

3. 量词的否定

命题 "$\forall x \in E, P(x)$" 和 "$\exists x \in E, P(x)$" 的否定很重要. 规定

$$\neg(\forall x \in E, P(x)) \Leftrightarrow (\exists x \in E, \neg P(x))$$

以及

$$\neg(\exists x \in E, P(x)) \Leftrightarrow (\forall x \in E, \neg P(x))$$

那么, 对于多元命题函数如何求其否定呢? 下面通过一个例子说明.

例 1.2.7 (1) 命题 "$\forall\, x \in \mathbb{R},\, x^2 \geqslant 0$" 的否定为 "$\exists\, x \in \mathbb{R},\, x^2 < 0$".

(2) 设 E, F 是两个集合, 求如下命题的否定: $\forall\, x \in E,\, \exists y \in F,\, P(x, y)$.

解 设命题函数 $Q(x) : \exists y \in F,\, P(x, y)$, 则

$$\begin{aligned}\neg(\forall\, x \in E,\, \exists y \in F,\, P(x, y)) &\Leftrightarrow \neg(\forall\, x \in E,\, Q(x))\\ &\Leftrightarrow (\exists\, x \in E,\, \neg Q(x))\\ &\Leftrightarrow (\exists\, x \in E,\, \forall\, y \in F,\, \neg P(x, y))\end{aligned}$$

注 1.2.4 设 $P(x), Q(x)$ 是集合 E 上的命题函数, 则 $P(x), Q(x)$ 通过逻辑运算得到新的命题函数. 这些命题和全称量词以及存在量词一起, 构成新的命题. 例如, "$\forall x \in E, P(x) \wedge Q(x)$" 为一个新的命题, 此时, 逻辑联结符 $\wedge$ 就有了新的意义.

§1.2.3 命题函数定义的集合

借助命题函数, 可以对一个集合进行描述.

设 E 是一个集合, $P(x)$ 是定义在 E 上的命题函数. 可以考虑集合 F 是由 E 中所有使得 $P(x)$ 为真的元素 x 组成的. 于是可以记

$$F = \{x \in E | P(x)\}$$

因此, E 的子集 F 的特征可以由如下等价式描述:

$$\forall\, x \in E, (x \in F \Leftrightarrow P(x))$$

例 1.2.8 设

$$E = \left\{ (x, y) \in \mathbb{R}^2 \middle| \left\{ \begin{array}{rr} x + y = & 1 \\ x - y = & -1 \end{array} \right. \right\}$$

也就是说, 集合 E 是上述方程组的实值解的集合.

可见, 集合 E 上的命题函数都可以定义 E 的一个子集. 反之, 若 $F \subset E$, 则 F 是相应于命题函数 $x \in F$ 的子集. 因此, 在集合 E 和它的子集之间可以有一个相应的命题函数.

定理 1.2.1 设 E 是一个集合, A、B 是 E 的两个子集且分别由命题函数 $P(x),Q(x)$ 定义, 则

$$(A\subset B)\Leftrightarrow(\forall x\in E, P(x)\Rightarrow Q(x))$$

证明: 要证明相互蕴含.

由题设知 $A=\{x\in E|P(x)\}$ 且 $B=\{x\in E|Q(x)\}$.

设 $A\subset B, x\in E$. 若 $P(x)$ 为假, 则 $P(x)\Rightarrow Q(x)$ 为真; 若 $P(x)$ 为真, 则 $x\in A$. 因为 $A\subset B$, 所以 $x\in B$, 于是 $Q(x)$ 为真, 进而有 $P(x)\Rightarrow Q(x)$ 为真. 于是证明了

$$(A\subset B)\Rightarrow(\forall x\in E, P(x)\Rightarrow Q(x))$$

反之, 设

$$\forall x\in E, P(x)\Rightarrow Q(x)$$

再设 $x\in A$, 则 $P(x)$ 为真. 因为 $P(x)\Rightarrow Q(x)$ 为真, 所以 $Q(x)$ 也为真, 于是 $x\in B$, 从而证明了

$$(\forall x\in E, P(x)\Rightarrow Q(x))\Rightarrow(A\subset B)$$

推论 1.2.1 设 E 是一个集合, A、B 是 E 的两个子集且分别由命题函数 $P(x),Q(x)$ 定义. 则

$$(A=B)\Leftrightarrow(\forall x\in E, P(x)\Leftrightarrow Q(x))$$

例 1.2.9 设 A,B 是集合 E 的两个子集, 则

$$\begin{aligned}
A\subset B &\Leftrightarrow \forall x\in E, (x\in A\Rightarrow x\in B)\\
&\Leftrightarrow \forall x\in E, (x\notin A)\vee(x\in B)\\
&\Leftrightarrow \forall x\in E, (x\in \overline{A})\vee(x\in B)\\
&\Leftrightarrow E=\overline{A}\cup B.
\end{aligned}$$

§1.3 映　射

§1.3.1 映射的基本概念

定义 1.3.1 设 f 是由 E 到 F 的一个映射.

(1) 若 $A\subset E$, 映射

$$\begin{aligned}
f|_A:\ & A\longrightarrow F\\
& x\longmapsto f|_A(x)=f(x)
\end{aligned}$$

称为 f 在子集 A 上的限制映射 (restriction).

(2) 若存在集合 B 使得 $E \subset B$ 以及一个映射 $g: B \longrightarrow F$ 满足

$$\forall x \in E,\ g(x) = f(x)$$

则称 g 为 f 的延拓 (扩展) 映射 (prolongement).

例 1.3.1 设

$$f:\ \begin{array}{l}[0,\pi] \longrightarrow [-1,1]\\ x \longmapsto \cos x\end{array} \qquad g:\ \begin{array}{l}\mathbb{R} \longrightarrow [-1,1]\\ x \longmapsto \cos x\end{array}$$

则 f 是 g 在 $[0,\pi]$ 上的限制映射,g 是 f 的延拓.

定义 1.3.2 (恒等映射) 设 E 是一个集合. 如下定义的映射 $\mathrm{id}_{\mathrm{E}}: E \longrightarrow E$ 称为恒等映射 (identité):

$$\forall x \in E, \mathrm{id}_{\mathrm{E}}(x) = x$$

定义 1.3.3 (单射、满射、双射) 设 $f: E \longrightarrow F$ 是一个映射.

(1) 如果

$$\forall x, x' \in E,\ (f(x) = f(x') \Rightarrow x = x')$$

则称 f 是由 E 到 F 的单射 (injection).

(2) 如果

$$\forall y \in F, \exists x \in E,\ f(x) = y$$

则称 f 是由 E 到 F 的满射 (surjection).

(3) 如果

$$\forall y \in F, \exists!\, x \in E,\ f(x) = y$$

则称 f 是由 E 到 F 的双射 (bijection).

命题 1.3.1 设 $f: E \longrightarrow F$ 是一个映射, 则 f 是由 E 到 F 的双射当且仅当 f 既是由 E 到 F 的单射, 也是由 E 到 F 的满射.

定义 1.3.4 设 f 是由 E 到 F 的双射, 则对任意的 $x \in F$, 存在唯一的 $y \in E$ 使得 $x = f(y)$, 记 $y = f^{-1}(x)$. 定义

$$f^{-1}:\ \begin{array}{l}F \longrightarrow E\\ x \longmapsto f^{-1}(x)\end{array}$$

则 f^{-1} 是从 F 到 E 的映射, 称为映射 f 的逆映射 (application réciproque).

§1.3.2　元素族

引入元素族 (famille) 的概念主要是为了方便书写.

例 1.3.2　设 $n \in \mathbb{N}^*$, $E = \{x_1, x_2, \cdots, x_{2n+1}\}$. 令 $I_1 = \{1, 2, 3\}$, $I_2 = \{1, 3, 5, \cdots, 2n+1\}$, $I_3 = \{2, 4, \cdots, 2n\}$, 则 $(x_i)_{i \in I_1} = \{x_1, x_2, x_3\}$, $(x_i)_{i \in I_2} = \{x_1, x_3, \cdots, x_{2n+1}\}$, $(x_i)_{i \in I_3} = \{x_2, x_4, \cdots, x_{2n}\}$.

定义 1.3.5　设 I, E 是两个集合, E 中以 I 为指标集的元素的一个元素族是一个由 I 到 E 的映射. 若 x 是一个这样的元素族, 即

$$x: \begin{array}{l} I \longrightarrow E \\ i \longmapsto x(i) \end{array}$$

记 $x_i = x(i)$, 这个元素族记为 $(x_i)_{i \in I}$. E 中以 I 为指标集的元素的元素族的集合记为 E^I.

注 1.3.1　(1) 当 E 中元素为集合时, 以 I 为指标集的 E 中元素的元素族常称为以 I 为指标集的集族.

(2) 若指标集 I 是有序的, 则在书写元素族 $(x_i)_{i \in I}$ 时, 常以与 I 相同的顺序书写.

例 1.3.3　(1) 设 $I = \mathbb{N}$, 则 $(x_i)_{i \in \mathbb{N}}$ 表示的是 E 的一个序列.

(2) 设 I 是一个集合, 以 I 为指标集的 $\mathscr{P}(E)$ 中元素的元素族为 $(A_i)_{i \in I}$, 其中 $\forall i \in I$, A_i 是 E 的一个子集.

习　题

1. Les assertions suivantes sont-elles vraies ou fausses?

判断下列命题的真假.

(1) $\exists x \in \mathbb{Z}, \quad \exists y \in \mathbb{N}, \quad x \leqslant -y^2$.

(2) $\forall x \in \mathbb{Z}, \quad \exists y \in \mathbb{N}, \quad x \leqslant -y^2$.

(3) $\exists x \in \mathbb{Z}, \quad \forall y \in \mathbb{N}, \quad x \leqslant -y^2$.

(4) $\forall x \in \mathbb{Z}, \quad \forall y \in \mathbb{N}, \quad x \leqslant -y^2$.

(5) $\forall y \in \mathbb{R}_+^*, \quad \exists x \in \mathbb{R}, \quad y = \mathrm{e}^x$.

(6) $\exists x \in \mathbb{R}, \quad \forall y \in \mathbb{R}_+^*, \quad y = \mathrm{e}^x$.

2. Soit $f: \mathbb{R} \to \mathbb{R}$ une fonction continue. On considère les assertions suivantes:

设 $f: \mathbb{R} \to \mathbb{R}$ 是一连续函数, 有以下命题:

$P: \forall x \in \mathbb{R}, f(x) = 0$.

$Q: \exists x \in \mathbb{R}, f(x) = 0$.

$R: (\forall x \in \mathbb{R}, f(x) > 0)$ ou $(\forall x \in \mathbb{R}, f(x) < 0)$.

Parmi les implications suivantes lesquelles sont exactes:

判断下列复合命题是否为真:

(1) $P \Rightarrow Q$.

(2) $Q \Rightarrow P$.

(3) $Q \Rightarrow R$.

(4) $\neg R \Rightarrow Q$.

(5) $\neg Q \Rightarrow \neg P$.

(6) $\neg P \Rightarrow \neg R$.

3. Soient a et b deux réels.

设 a 和 b 是两个实数.

(1) Montrer que $(a+b \geqslant 1) \Rightarrow ((a \geqslant 1/2)$ ou $b \geqslant 1/2)$, par contre-apposée.

利用反证法证明: $(a+b \geqslant 1) \Rightarrow ((a \geqslant 1/2)$ ou $b \geqslant 1/2)$

(2) Montrer que $(a^2+b^2=0) \Rightarrow (a=b=0)$.

证明: $(a^2+b^2=0) \Rightarrow (a=b=0)$.

4. On rapelle qu'un entier est pair si, et seulment si, il est divisible par 2, c'est-à-dire: $\forall n \in \mathbb{N}, (n \text{ est pair}) \Leftrightarrow (\exists p \in \mathbb{N} : n = 2p)$. Un entier qui n'est pas pair est dit impair.

称一个自然数为偶数当且仅当它能被 2 整除, 即 $\forall n \in \mathbb{N}, (n \text{ est pair}) \Leftrightarrow (\exists p \in \mathbb{N} : n = 2p)$. 否则这个自然称为奇数.

(1) Montrer que la somme de deux entiers pairs est un entier pair.

证明偶数的和还是偶数.

(2) Soit n un entier tel qu'il existe $p \in \mathbb{N}$ tel que $n = 2p+1$. Montrer par l'absurde que n est impair.

设 n 为自然数, 利用归谬法证明: 若存在 p 使得 $n = 2p+1$, 则 n 为奇数.

(3) Soit n un entier impair. On appelle m le plus grand entier pair qui soit inférieur à n. Montrer par contre-apposée que $n = m+1$. En déduire que la réciproque de (2) est vrai.

设 n 是奇数, 称 m 为小于 n 的最大偶数. 用反证法证明 $n = m+1$. 于是 (2) 的逆命题成立, 即存在 $p \in \mathbb{N}$, 使得 $n = 2p+1$.

5. Montrer que $\forall n \in \mathbb{N}, n$ pair $\Leftrightarrow n^2$ pair. Que peut-on en déduire pour les entiers impairs.

证明: $\forall n \in \mathbb{N}, n$ pair $\Leftrightarrow n^2$ pair. 然后证明此结论对奇数也成立.

6. Montrer, par l'absurde, que $\sqrt{2}$ n'est pas un nombre rationnel.

证明: $\sqrt{2}$ 是无理数.

7. Soit I un intervalle de $\mathbb{R}$ et $f : I \longrightarrow R$ une fonction définie sur I à valeurs réels. Exprimer à l'aide de quantificateurs les assertions suivantes:

设 I 是一个区间,$f : I \longrightarrow R$ 是 I 到实数的一个函数, 用量词表示下列论述:

(1) la fonction f s'annule.

f 有零点.

(2) la fonction f est la fonction nulle.

f 是零函数.

(3) f n'est pas une fonction constante.

f 不是常值函数.

(4) la fonction f posséde un minimum.

f 有最小值.

(5) f prend des valeurs arbitrairement grandes.

f 取值可任意大.

(6) f ne peut s'annuler qu'une seule fois.

f 仅有一个零点.

(7) f ne s'annule jamais.

f 没有零点.

8. Écrire les négations des assertions suivantes. Pour les deux premières, x et y sont deux réels donnés.

写出下列命题的否定, 对于 (1)、(2) 两题, x 和 y 是实数.

(1) $1 \leqslant x < y$.

(2) $(x^2 = 1) \Rightarrow (x = 1)$.

(3) $\forall x \in \mathbb{R}, \forall y \in \mathbb{R}, (x \neq y) \Rightarrow (f(x) \neq f(y))$.

(4) $\forall x > 0, f(x) \geqslant 0$.

(5) $\exists M \in \mathbb{R}, \forall x \in \mathbb{R}, f(x) < M$.

(6) $\forall x \in \mathbb{R}, (f(x) = 2) \Rightarrow (x = 2)$.

(7) $\forall \varepsilon > 0, \exists \eta > 0, \forall x, y \in \mathbb{R}, (|x - y| < \eta) \Rightarrow (|f(x) - f(y)| < \varepsilon)$.

9. Veuillez donner des exemples d'injection(pas surjective),de surjection(pas injective) et de bijection.

结合所学知识, 请给出单射 (非满)、满射 (非单)、双射的示例.

第 2 章　复　数

本章的目标是构造所有复数的集合 $\mathbb{C}$, 给出纯虚数 i 的定义, 并表述复数的基本性质; 给出复数的相关运算性质, 推广复指数的概念.

§2.1　复数集 $\mathbb{C}$ 的定义

§2.1.1　回忆集合 $\mathbb{R}^2$

定义 2.1.1 (笛卡儿积 (produit cartésienne))　设 A, B 是两个集合, 用 A 中元素作为第一个元素, B 中元素作为第二个元素构成有序对, 所有有序对的集合称为 A 和 B 的笛卡儿积. 记为 $A \times B = \{(x,y)|x \in A, y \in B\}$.

特别地, 若 $A = B$, 则记 $A^2 = A \times A$.

$\mathbb{R}^2$ 是所有两个坐标 (横纵坐标) 都是实数的数对 (x,y) 组成的集合, 即 $\mathbb{R}^2 = \{(x,y)|x \in \mathbb{R}, y \in \mathbb{R}\}$. 这个集合还可以利用平面直角坐标系来介绍.

数对具有有序性: 若 x 与 y 是两个不同的实数, 则 $(x,y) \neq (y,x)$. 事实上, (y,x) 是 (x,y) 关于直线 $y = x$ 的对称点. 此外, 平面上两个点相等当且仅当它们有相同的坐标, 即 $\forall x, x', y, y' \in \mathbb{R}, (x,y) = (x',y') \Leftrightarrow (x = x')$且$(y = y')$.

§2.1.2　$\mathbb{C}$ 的构造

定义 2.1.2　把赋予了如下两个运算 “$\oplus$” 与 “$\otimes$” 的集合 $\mathbb{R}^2$ 称为**复数集**, 记为 $\mathbb{C}$.

(1) $\forall z = (x,y) \in \mathbb{C}, \forall z' = (x',y') \in \mathbb{C}, z \oplus z' = (x + x', y + y')$.

(2) $\forall z = (x,y) \in \mathbb{C}, \forall z' = (x',y') \in \mathbb{C}, z \otimes z' = (x \times x' - y \times y', x \times y' + x' \times y)$.

在这个定义中, 利用了符号 $\oplus$ 与 $\otimes$ 来表示在 $\mathbb{C}$ 上定义的两个运算. 然而人们已经记 $+$ 与 $\times$ 为实数之间的经典的加法与乘法, 最初为了明显地显示出不同, 会对这两种符号加以区分. 但是一旦习惯了复数的运算, 会简单地记为 $+$ 与 $\times$.

下面列举这两个运算的一些性质.

命题 2.1.1　*复数的加法与乘法满足下列性质:*

(1) $\oplus$ *是可结合的*: $\forall z, z', z'' \in \mathbb{C}, (z \oplus z') \oplus z'' = z \oplus (z' \oplus z'')$.

(2) $\oplus$ *是可交换的*: $\forall z, z' \in \mathbb{C}, z \oplus z' = z' \oplus z$.

(3) 复数 $(0,0)$ 是关于 $\oplus$ 的零元:

$$\forall z \in \mathbb{C}, z \oplus (0,0) = (0,0) \oplus z = z$$

而且它是 $\mathbb{C}$ 中满足这一性质的唯一元素.

(4) 所有复数关于加法都有唯一的相反数:

$$\forall z \in \mathbb{C}, \exists! z' \in \mathbb{C}, z \oplus z' = (0,0)$$

若 z 是一个复数, 则它的相反数记为 $\ominus z$, 而且有 $\ominus z = (-1,0) \otimes z$.

(5) $\otimes$ 是可结合的: $\forall z, z', z'' \in \mathbb{C}, (z \otimes z') \otimes z'' = z \otimes (z' \otimes z'')$.

(6) $\otimes$ 是可交换的: $\forall z, z' \in \mathbb{C}, z \otimes z' = z' \otimes z$.

(7) 复数 $(1,0)$ 是关于乘法的单位元:

$$\forall z \in \mathbb{C}, z \otimes (1,0) = (1,0) \otimes z = z$$

而且它是 $\mathbb{C}$ 中满足这一性质的唯一元素.

(8) 所有不等于 $(0,0)$ 的复数关于乘法都有唯一的倒数:

$$\forall z \in \mathbb{C}^* = \mathbb{C} \backslash \{(0,0)\}, \exists! z' \in \mathbb{C}, z \otimes z' = z' \otimes z = (1,0)$$

若 z 是一个非零复数, 则它的倒数记为 z^{-1} 或 $\dfrac{1}{z}$.

(9) $\otimes$ 对于 $\oplus$ 是可分配的: $\forall z, z', z'' \in \mathbb{C}, z \otimes (z' \oplus z'') = (z \otimes z') \oplus (z \otimes z'')$.

证明: (1) 设 $z = (x_1, y_1), z' = (x_2, y_2), z'' = (x_3, y_3) \in \mathbb{C}$. 则

$$(z \oplus z') \oplus z'' = (x_1 + x_2, y_1 + y_2) \oplus (x_3, y_3) = ((x_1 + x_2) + x_3, (y_1 + y_2) + y_3))$$

$$z \oplus (z' \oplus z'') = (x_1, y_1) \oplus (x_2 + x_3, y_2 + y_3) = (x_1 + (x_2 + x_3), y_1 + (y_2 + y_3))$$

而 $(x_1+x_2)+x_3 = x_1+(x_2+x_3), (y_1+y_2)+y_3 = y_1+(y_2+y_3)$, 由于 $x_i, y_i \in \mathbb{R}, i = 1,2,3$. 故 $(z \oplus z') \oplus z'' = z \oplus (z' \oplus z'')$.

(2)、(3) 类似可证.

(4) 设 $z = (x, y) \in \mathbb{C}$, 则 $x, y \in \mathbb{R}$. $\exists! x' \in \mathbb{R}, \exists! y' \in \mathbb{R}$, 使得 $x + x' = 0, y + y' = 0$. 因此 $\forall z \in (x,y) \in \mathbb{C}, \exists! z' = (x', y') \in \mathbb{C}$, 使得 $z \oplus z' = (0,0)$. 因为 $(-1,0) \otimes z = (-1,0) \otimes (x,y) = (-x,-y) = (x', y') = z'$, 所以 $\ominus z = (-1,0) \otimes z$.

(5)~(9) 的证明略.

§2.1.3 $\mathbb{R}$ 包含于 $\mathbb{C}$

定义 2.1.3 设 $z = (x, y)$ 是任意复数.

- x 称为 z 的实部 (partie réelle de z) 并记为 $x = \mathrm{Re}z$.
- y 称为 z 的虚部 (partie imaginaire de z) 并记为 $y = \mathrm{Im}z$.
- 若 $y = 0$, 那么说 z 是实的. 换言之, (z 是实的复数) $\Leftrightarrow$ ($\mathrm{Im}z = 0$).
- 若 $x = 0$, 那么说 z 是纯虚数 (imaginaire pur). 换言之, (z 是纯虚数)$\Leftrightarrow$ ($\mathrm{Re}z = 0$).

纯虚数 $(0, 1)$ 记为 i.

注 2.1.1　$(0, 0)$ 既是实数又是纯虚数, 所有纯虚数的集合可以表示为 $\mathrm{i}\mathbb{R}$.

由这个定义及两个实数对相等当且仅当它们有相同的横坐标和纵坐标这个事实, 可以知道:

命题 2.1.2　两个复数是相等的当且仅当它们有相同的实部和虚部. 特别地, 一个复数为零当且仅当它的实部和虚部都为 0.

定义 2.1.4　设 $x \in \mathbb{R}$, 实的复数 $(x, 0)$ 就记为 x, 写成 $x = (x, 0)$.

命题 2.1.3　设 x, y 是两个实数, 有 $x + y = x \oplus y$ 与 $xy = x \otimes y$.

证明: 这只是一个符号的问题. 事实上, 已经约定了

- x 是 $(x, 0)$ 的缩略.
- y 是 $(y, 0)$ 的缩略.
- $x + y$ 是 $(x + y, 0)$ 的缩略, 等于 $(x, 0) \oplus (y, 0) = x \oplus y$.
- xy 是 $(xy, 0)$ 的缩略, 等于 $(x, 0) \otimes (y, 0) = x \otimes y$.

于是有 $x + y = x \oplus y$ 且 $xy = x \otimes y$. 这证明了实的复数与实数之间的一一对应是完美的. 对于所有实数 x, 不仅可以唯一地将复数 $(x, 0)$ 与实数 x 结合起来, 而且 $\mathbb{R}$ 上的加法与乘法也很好地对应于 $\mathbb{C}$ 上的加法与乘法. 所以鼓励 $\mathbb{R} \subset \mathbb{C}$ 的说法, 尽管严格意义上讲这是不成立的.

命题 2.1.4　$\mathrm{i} \otimes \mathrm{i} = -1, \quad (\ominus \mathrm{i}) \otimes (\ominus \mathrm{i}) = -1$.

证明: $\mathrm{i} \otimes \mathrm{i} = (0, 1) \otimes (0, 1) = (0 \times 0 - 1 \times 1, 0 \times 1 + 1 \times 0) = (-1, 0) = -1$. 对于 $\ominus \mathrm{i}$ 同理.

§2.1.4　复数的标准分解

命题 2.1.5　设 z 是一个复数, 有 $z = \mathrm{Re}z \oplus \mathrm{i} \otimes \mathrm{Im}z$.

证明: 只须证等式成立.

一方面, $z = (\mathrm{Re}z, \mathrm{Im}z)$.

另一方面,

$$\begin{aligned}\mathrm{Re}z \oplus \mathrm{i} \otimes \mathrm{Im}z &= (\mathrm{Re}z, 0) \oplus (0, 1) \otimes (\mathrm{Im}z, 0) \\ &= (\mathrm{Re}z, 0) \oplus (0 \times \mathrm{Im}z - 1 \times 0, 0 \times 0 + 1 \times \mathrm{Im}z) \\ &= (\mathrm{Re}z, 0) \oplus (0, \mathrm{Im}z) = (\mathrm{Re}z, \mathrm{Im}z)\end{aligned}$$

故 $z = \mathrm{Re}z \oplus \mathrm{i} \otimes \mathrm{Im}z$.

到目前为止, 为了不与实数之间的运算混淆, 常用符号 $\oplus$ 与 $\otimes$ 来表示复数的加法与乘法. 下面决定简记为 $+$ 与 $\times$, 因为这个符号使用起来更方便.

在新的符号下, 所有复数 z 都可写成 $z = \mathrm{Re}z + \mathrm{i}\mathrm{Im}z$ 的形式, 把这个称为 z 的标准分解 (Décomposition canonique d'un nombre complexe). 它使复数运算更简单. 事实上, 若 $z, z' \in \mathbb{C}$, 其中 x, x' 分别是 z 与 z' 的实部, y 与 y' 是虚部. 有 $z = x + \mathrm{i}y, z' = x' + \mathrm{i}y'$. 利用乘法对加法的分配律及 $\mathrm{i}^2 = -1$, 可得到:

$$zz' = (x + \mathrm{i}y)(x' + \mathrm{i}y') = xx' + \mathrm{i}xy' + \mathrm{i}yx' - yy' = (xx' - yy') + \mathrm{i}(xy' + yx')$$

§2.1.5　小　结

下面是现阶段关于复数的部分总结:

- 构造了一个新的集合 $\mathbb{C}$, 在其上可以做加法和乘法运算.
- $\mathbb{C}$"包含"$\mathbb{R}$.
- $\mathbb{C}$ 包含一个特殊的元素 i, 满足 $\mathrm{i}^2 = -1$.
- 所有复数 z 可唯一地写成 $z = x + \mathrm{i}y$ 的形式, 其中 x, y 是实数.
- 加法与乘法的操作与 $\mathbb{R}$ 中一样, 它们是可结合的、可交换的且乘法对加法有分配律.
- 0 是关于加法的单位元, 1 是关于乘法的单位元.
- 若 $z = x + \mathrm{i}y$ (x, y 是实数) 是任意复数, 它有一个相反数, 即 $-z = -x - \mathrm{i}y$. 而且若 $z \neq 0$, 则 z 有一个倒数, 即 $\dfrac{1}{x + \mathrm{i}y} = \dfrac{x - \mathrm{i}y}{x^2 + y^2}$.

§2.2　复数的模

§2.2.1　共　轭

定义 2.2.1　设 z 是复数, 其共轭 (conjugué) 定义为复数 $\bar{z} = \mathrm{Re}z - \mathrm{i}\mathrm{Im}z$.

命题 2.2.1　共轭 (conjugaison) 运算满足下列性质:

(1) 和的共轭等于共轭的和: $\forall z, z' \in \mathbb{C}, \overline{z + z'} = \bar{z} + \bar{z'}$.

(2) 积的共轭等于共轭的积: $\forall z, z' \in \mathbb{C}, \overline{zz'} = \bar{z}\bar{z'}$.

(3) 共轭是对合的: $\forall z \in \mathbb{C}, \bar{\bar{z}} = z$.

(4) $\forall z \in \mathbb{C}, \mathrm{Re}z = \dfrac{z + \bar{z}}{2}$ 且 $\mathrm{Im}z = \dfrac{z - \bar{z}}{2\mathrm{i}}$.

(5) 一个复数是实的当且仅当它等于它的共轭: $\forall z \in \mathbb{C}, (z \in \mathbb{R} \Leftrightarrow z = \bar{z})$.

(6) 一个复数是纯虚数当且仅当它是它的共轭的相反数: $\forall z \in \mathbb{C}, (z\text{是纯虚数} \Leftrightarrow z = -\bar{z})$.

(7) 一个复数与其共轭的积是非负实数. 更准确地, $\forall z \in \mathbb{C}, z\bar{z} = (\mathrm{Re}z)^2 + (\mathrm{Im}z)^2$.

证明: 通过共轭的定义计算便可得到.

§2.2.2 复数的模

定义 2.2.2 设 z 是复数, 它的模 (module d'un nombre complexe)$|z|$ 是非负实数 $z\bar{z}$ 的算术平方根.

注 2.2.1 设 $z, z' \in \mathbb{C}$, 则 $|z+z'|^2 = (z+z')\overline{(z+z')}$ 不同于 $(z+z')^2 = z^2 + 2zz' + z'^2$.

命题 2.2.2 (1) 积的模等于模的积: $\forall z, z' \in \mathbb{C}, |zz'| = |z||z'|$.

(2) 一个复数的模为零当且仅当它为零: $\forall z \in \mathbb{C}, (|z| = 0 \Leftrightarrow z = 0)$.

(3) 商的模等于模的商: $\forall z, z' \in \mathbb{C}, \left(z' \neq 0 \Rightarrow |\frac{z}{z'}| = \frac{|z|}{|z'|}\right)$.

(4) $\forall z \in \mathbb{C}, |\mathrm{Re}z| \leqslant |z|, |\mathrm{Im}z| \leqslant |z|$.

(5) 三角不等式: $\forall z, z' \in \mathbb{C}, ||z| - |z'|| \leqslant |z \pm z'| \leqslant |z| + |z'|$.

(6) 若 z 是一个非零复数, 则 $\frac{1}{z} = \frac{\bar{z}}{|z|^2}$.

证明: 本命题的大部分都只须计算, 故不难证明.

第 (2) 条是非常基本的, 因为复数的实部和虚部都是实数. 只有第 (4)、第 (5) 条需要多解释一些.

(4) 设 $z \in \mathbb{C}$, 已知 $(\mathrm{Re}z)^2 + (\mathrm{Im}z)^2 = |z|^2$, 而 $(\mathrm{Im}z)^2$ 是非负实数, 故

$$(\mathrm{Re}z)^2 = |z|^2 - (\mathrm{Im}z)^2 \leqslant |z|^2.$$

同理, $(\mathrm{Im}z)^2 \leqslant |z|^2$.

"开平方" 这个函数是增函数, 故上面两个不等式两边开平方后不变号:

$$|\mathrm{Re}z| \leqslant |z|, \quad |\mathrm{Im}z| \leqslant |z|.$$

(5) 设 $z, z' \in \mathbb{C}$, 已知

$$\begin{aligned} |z \pm z'|^2 &= (z \pm z')\overline{z \pm z'} = (z \pm z')(\bar{z} \pm \bar{z'}) \\ &= |z|^2 + |z'|^2 \pm (z\bar{z'} + z'\bar{z}) \\ &= |z|^2 + |z'|^2 \pm 2\mathrm{Re}(z\bar{z'}) \end{aligned}$$

因此, 只须利用不等式 $|\mathrm{Re}(z\bar{z'})| \leqslant |z\bar{z'}| = |z||z'|$, 可得到

$$|z \pm z'|^2 \leqslant |z|^2 + |z'|^2 + 2|z||z'| = (|z| + |z'|)^2$$

两边开平方, 有

$$\forall z, z' \in \mathbb{C}, |z \pm z'| \leqslant |z| + |z'|$$

选取新的 z 与 z', 有

$$z = z + z', z' = z'$$

$$|z| \leqslant |z + z'| + |z'|.$$

故

$$|z| - |z'| \leqslant |z + z'|$$

同样地, 交换 z 与 z' 的角色, 可证明 $|z'| - |z| \leqslant |z + z'|$.

故
$$\forall z, z' \in \mathbb{C}, ||z'| - |z|| \leqslant |z + z'|$$

推论 2.2.1　设 $z \in \mathbb{C}^*, z' \in \mathbb{C}$, 则

$$|z + z'| = |z| + |z'| \Leftrightarrow \exists \lambda \in \mathbb{R}_+, z' = \lambda z$$

证明: 见习题.

§2.3　三角函数与复数

§2.3.1　三角函数

首先来回忆以前所学的三角函数的基本结论.

正弦函数和余弦函数是 $\mathbb{R}$ 上的两个可导函数. 它们是以 2π 为一个周期的, 取值区间为 $[-1, 1]$ 且这个区间上的所有值都可达到, 即

$$\forall x \in \mathbb{R}, -1 \leqslant \cos x \leqslant 1$$

且

$$\forall x \in \mathbb{R}, -1 \leqslant \sin x \leqslant 1$$

而且
$$\forall y \in [-1, 1], \exists x \in \mathbb{R}, y = \cos x$$

$$\forall y \in [-1, 1], \exists x \in \mathbb{R}, y = \sin x.$$

若 θ 是确定的实数, $\cos\theta$ 与 $\sin\theta$ 分别表示处于单位圆上的点的横、纵坐标, θ 可视为单位圆周上一点与原点的连线与横坐标轴所成的角. 因此可以得到一个命题:

命题 2.3.1　*设 $x, y \in \mathbb{R}$, 满足 $x^2 + y^2 = 1$. 则存在 $\theta \in \mathbb{R}$ 使得 $x = \cos\theta, y = \sin\theta$.*

证明: 事实上, 若 M 是以 (x, y) 为坐标的点, 则距离 $OM = \sqrt{x^2 + y^2} = 1$. 换言之, M 是单位圆周上的点, 其横、纵坐标分别是 OM 与横坐标轴所成的角度 θ 的余弦与正弦.

利用单位圆周可知, 若 $\theta \in \mathbb{R}$ 是给定的, 则

$\forall x \in \mathbb{R}, \cos x = \cos\theta \Leftrightarrow (\exists k \in \mathbb{Z}, x = \theta + 2k\pi$ 或 $x = -\theta + 2k\pi)$, 记为 $x = \theta[2\pi]$ 或 $x = -\theta[2\pi]$, 读作 x 与 θ 模 2π 相等.
且

$$\forall x \in \mathbb{R}, \sin x = \sin\theta \Leftrightarrow (x = \theta[2\pi] \quad \text{或} \quad x = (\pi - \theta)[2\pi])$$

下面回忆三角函数公式.

(1) 加法公式: 设 $a, b \in \mathbb{R}$, 则

- $\cos(a+b) = \cos a \cos b - \sin a \sin b$.
- $\cos(a-b) = \cos a \cos b + \sin a \sin b$.
- $\sin(a+b) = \sin a \cos b + \cos a \sin b$.
- $\sin(a-b) = \sin a \cos b - \cos a \sin b$.

(2) 2 倍角公式: 设 $a \in \mathbb{R}$, 则

- $\cos 2a = \cos^2 a - \sin^2 a = 2\cos^2 a - 1 = 1 - 2\sin^2 a$.
- $\sin 2a = 2 \sin a \cos a$.

(3) 和差化积公式: 设 $p, q \in \mathbb{R}$, 则

- $\cos p + \cos q = 2\cos\dfrac{p+q}{2}\cos\dfrac{p-q}{2}$.
- $\cos p - \cos q = -2\sin\dfrac{p+q}{2}\sin\dfrac{p-q}{2}$.
- $\sin p + \sin q = 2\sin\dfrac{p+q}{2}\cos\dfrac{p-q}{2}$.
- $\sin p - \sin q = 2\cos\dfrac{p+q}{2}\sin\dfrac{p-q}{2}$.

(4) 特殊角的正弦与余弦函数值 (见表 2.1):

表 2.1 特殊角的正弦与余弦函数

θ	$\cos\theta$	$\sin\theta$
0	1	0
$\frac{\pi}{6}$	$\frac{\sqrt{3}}{2}$	$\frac{1}{2}$
$\frac{\pi}{4}$	$\frac{\sqrt{2}}{2}$	$\frac{\sqrt{2}}{2}$
$\frac{\pi}{3}$	$\frac{1}{2}$	$\frac{\sqrt{3}}{2}$
$\frac{\pi}{2}$	0	1

(5) 可以推出其他正余弦函数值的公式: 设 $x \in \mathbb{R}$, 则

- $\cos(\pi - x) = -\cos x, \quad \cos(\pi + x) = -\cos x$.
- $\cos(-x) = \cos x, \quad \cos\left(\dfrac{\pi}{2} - x\right) = \sin x$.

- $\cos\left(\frac{\pi}{2}+x\right)=-\sin x,\quad \sin\left(\frac{\pi}{2}-x\right)=\cos x.$
- $\sin\left(\frac{\pi}{2}+x\right)=\cos x,\quad \sin(-x)=-\sin x.$
- $\sin(\pi-x)=\sin x,\quad \sin(\pi+x)=-\sin x.$

§2.3.2 集合 $\mathbb{U}$

定义 2.3.1 记 $\mathbb{U}$ 为所有模为 1 的复数的集合, 即 $\mathbb{U}=\{z\in\mathbb{C}||z|=1\}$.

命题 2.3.2 下面是 $\mathbb{U}$ 的一些性质:

(1) $\mathbb{U}$ 包含 $1,-1,\mathrm{i},-\mathrm{i}$.

(2) $\mathbb{U}$ 关于乘法封闭: $\forall z,z'\in\mathbb{U}, zz'\in\mathbb{U}$.

(3) $\mathbb{U}$ 关于共轭封闭: $\forall z\in\mathbb{U},\bar{z}\in\mathbb{U}$.

(4) $\mathbb{U}$ 关于求倒数运算封闭: $\forall z\in\mathbb{U},\frac{1}{z}\in\mathbb{U}$.

而且, $\mathbb{U}$ 中元素的倒数就是它的共轭.

证明: (1) 复数 $1,-1,\mathrm{i},-\mathrm{i}$ 的模都等于 1. 故 $1,-1,\mathrm{i},-\mathrm{i}\in\mathbb{U}$.

(2) 若 $z,z'\in\mathbb{U}$, 则 $|z|=|z'|=1$. 从而有 $|zz'|=|z||z'|=1$, 故 $zz'\in\mathbb{U}$.

(3) 一个复数与其共轭的模相等: $\forall z\in\mathbb{C},|z|=\sqrt{z\bar{z}}=\sqrt{\bar{z}z}=\sqrt{\bar{z}\bar{\bar{z}}}=|\bar{z}|$. 若 $z\in\mathbb{U}$, 则 $\bar{z}\in\mathbb{U}$.

(4) 若 $z\in\mathbb{U}$, 可知 $\frac{1}{z}=\frac{\bar{z}}{|z|^2}=\bar{z}\in\mathbb{U}$.

§2.3.3 复指数

定义 2.3.2 若 z 是一个复数, 定义 z 的指数 (l'exponetielle complexe), 记为 e^z 或 $\exp z$, 为复数, $\mathrm{e}^z=\mathrm{e}^{\mathrm{Re}z}[\cos(\mathrm{Im}z)+\mathrm{i}\sin(\mathrm{Im}z)]$.

注 2.3.1 "复指数"只不过是一个记号和缩写, 与以前学的指数函数没有关系. 这个符号的选取可以解释为: 若 z 是一个实的复数, 它的复指数值 (在上面定义的意义下) 与其实指数值是一样的. 可以说, 复指数推广了实指数.

若 $x,y\in\mathbb{R}$, 则有 $\mathrm{e}^{x+\mathrm{i}y}=\mathrm{e}^x(\cos y+\mathrm{i}\sin y)$. 特别地, 若 θ 是实数, 则 $\mathrm{e}^{\mathrm{i}\theta}=\cos\theta+\mathrm{i}\sin\theta$.

命题 2.3.3 (1) $\forall\theta\in\mathbb{R},\mathrm{e}^{\mathrm{i}\theta}\in\mathbb{U}$.

(2) $\forall\theta\in\mathbb{R},\cos\theta=\frac{\mathrm{e}^{\mathrm{i}\theta}+\mathrm{e}^{-\mathrm{i}\theta}}{2},\sin\theta=\frac{\mathrm{e}^{\mathrm{i}\theta}-\mathrm{e}^{-\mathrm{i}\theta}}{2\mathrm{i}}$. (欧拉公式 Formule d'Euler)

(3) $\forall\theta\in\mathbb{R},\frac{1}{\mathrm{e}^{\mathrm{i}\theta}}=\overline{\mathrm{e}^{\mathrm{i}\theta}}=\mathrm{e}^{-\mathrm{i}\theta}$.

(4) $\forall\theta,\varphi\in\mathbb{R},\mathrm{e}^{\mathrm{i}(\theta+\varphi)}=\mathrm{e}^{\mathrm{i}\theta}\mathrm{e}^{\mathrm{i}\varphi}$.

(5) $\forall\theta\in\mathbb{R},\forall n\in\mathbb{Z},(\cos\theta+\mathrm{i}\sin\theta)^n=(\mathrm{e}^{\mathrm{i}\theta})^n=\mathrm{e}^{in\theta}=\cos n\theta+\mathrm{i}\sin n\theta$. (棣莫佛公式 Formule de Moivre)

(6) $\forall \theta, \varphi \in \mathbb{R}, (\mathrm{e}^{\mathrm{i}\theta} = \mathrm{e}^{\mathrm{i}\varphi} \Leftrightarrow \varphi = \theta[2\pi])$.

证明: (1) 若 $\theta \in \mathbb{R}$, 则有 $|\mathrm{e}^{\mathrm{i}\theta}| = |\cos\theta + \mathrm{i}\sin\theta| = \sqrt{\cos^2\theta + \sin^2\theta} = 1$. 故 $\mathrm{e}^{\mathrm{i}\theta} \in \mathbb{U}$.

(2) 由于余弦与正弦函数分别是偶函数与奇函数, 因此有

$$\forall \theta \in \mathbb{R}, \mathrm{e}^{\mathrm{i}\theta} = \cos\theta + \mathrm{i}\sin\theta, \mathrm{e}^{-\mathrm{i}\theta} = \cos\theta - \mathrm{i}\sin\theta$$

于是有

$$\forall \theta \in \mathbb{R}, \cos\theta = \frac{\mathrm{e}^{\mathrm{i}\theta} + \mathrm{e}^{-\mathrm{i}\theta}}{2}, \sin\theta = \frac{\mathrm{e}^{\mathrm{i}\theta} - \mathrm{e}^{-\mathrm{i}\theta}}{2\mathrm{i}}$$

(3) 在**命题 2.3.2** 中已经看到: $\forall z \in \mathbb{U}, \dfrac{1}{z} = \bar{z}$. 由 (1) 知, $\forall \theta \in \mathbb{R}, \mathrm{e}^{\mathrm{i}\theta} \in \mathbb{U}$. 从而有

$$\forall \theta \in \mathbb{R}, \frac{1}{\mathrm{e}^{\mathrm{i}\theta}} = \overline{\mathrm{e}^{\mathrm{i}\theta}} = \mathrm{e}^{-\mathrm{i}\theta}$$

(4) 设 $\theta, \varphi \in \mathbb{R}$, 有

$$\begin{aligned}
\mathrm{e}^{\mathrm{i}\theta}\mathrm{e}^{\mathrm{i}\varphi} &= (\cos\theta + \mathrm{i}\sin\theta)(\cos\varphi + \mathrm{i}\sin\varphi) \\
&= (\cos\theta\cos\varphi - \sin\theta\sin\varphi) + \mathrm{i}(\sin\theta\cos\varphi + \cos\theta\sin\varphi) \\
&= \cos(\theta + \varphi) + \mathrm{i}\sin(\theta + \varphi) \\
&= \mathrm{e}^{\mathrm{i}(\theta+\varphi)}
\end{aligned}$$

(5) 设 $\theta \in \mathbb{R}, n \in \mathbb{N}$. 则有

$$(\cos\theta + \mathrm{i}\sin\theta)^n = (\mathrm{e}^{\mathrm{i}\theta})^n = \underbrace{\mathrm{e}^{\mathrm{i}\theta} \times \cdots \times \mathrm{e}^{\mathrm{i}\theta}}_{n\text{个}} = \exp(\underbrace{\mathrm{i}\theta + \cdots + \mathrm{i}\theta}_{n\text{个}}) = \mathrm{e}^{\mathrm{i}n\theta}$$

若 $n \in -\mathbb{N}$, 则 $-n \in \mathbb{N}$. 故可以将其应用到前面的结果:

$$(\mathrm{e}^{\mathrm{i}\theta})^{-n} = \mathrm{e}^{-\mathrm{i}n\theta} = \frac{1}{\mathrm{e}^{\mathrm{i}n\theta}}$$

于是有

$$(\mathrm{e}^{\mathrm{i}\theta})^n = \frac{1}{(\mathrm{e}^{\mathrm{i}\theta})^{-n}} = \frac{1}{1/\mathrm{e}^{\mathrm{i}n\theta}} = \mathrm{e}^{\mathrm{i}n\theta}$$

(6) 设 $\theta, \varphi \in \mathbb{R}$, 有

$$\begin{aligned}
\mathrm{e}^{\mathrm{i}\theta} = \mathrm{e}^{\mathrm{i}\varphi} &\Leftrightarrow \frac{\mathrm{e}^{\mathrm{i}\theta}}{\mathrm{e}^{\mathrm{i}\varphi}} = 1 \\
&\Leftrightarrow \mathrm{e}^{\mathrm{i}\theta}\mathrm{e}^{-\mathrm{i}\varphi} = 1 \\
&\Leftrightarrow \mathrm{e}^{\mathrm{i}(\theta-\varphi)} = 1
\end{aligned}$$

$$\Leftrightarrow \cos(\theta-\varphi)+\mathrm{i}\sin(\theta-\varphi)=1$$
$$\Leftrightarrow \cos(\theta-\varphi)=1 \text{且} \sin(\theta-\varphi)=0$$
$$\Leftrightarrow \theta-\varphi=0[2\pi]$$

§ 2.3.4 复数的辐角

命题 2.3.4 设 z 是一个非零复数, 则存在 $\theta\in\mathbb{R}$ 使得 $z=|z|\mathrm{e}^{\mathrm{i}\theta}$.

证明: 由于 $z\neq 0$, 故 $|z|\neq 0$. 从而可以做除法, 有

$$\frac{z}{|z|}=\frac{x+\mathrm{i}y}{\sqrt{x^2+y^2}}$$

其中, x,y 分别是 z 的实部与虚部.

而

$$\left(\frac{x}{\sqrt{x^2+y^2}}\right)^2+\left(\frac{y}{\sqrt{x^2+y^2}}\right)^2=\frac{x^2+y^2}{x^2+y^2}=1$$

根据**命题 2.3.1** 知, $\exists\theta\in\mathbb{R}$, 使得

$$\frac{x}{\sqrt{x^2+y^2}}=\cos\theta,\quad \frac{y}{\sqrt{x^2+y^2}}=\sin\theta$$

于是 $\dfrac{z}{|z|}=\cos\theta+\mathrm{i}\sin\theta=\mathrm{e}^{\mathrm{i}\theta}$, 从而 $z=|z|\mathrm{e}^{\mathrm{i}\theta}$.

定义 2.3.3 设 z 是非零复数, 所有满足 $z=|z|\mathrm{e}^{\mathrm{i}\theta}$ 的实数 θ 称为 z 的一个辐角 (un argument de z). 并称 $z=|z|\mathrm{e}^{\mathrm{i}\theta}$ 是 z 的三角形式 (la forme trigonométrique de z).

例 2.3.1 取复数 $z=1+\mathrm{i}\sqrt{3}$, 有 $|z|=\sqrt{4}=2$, 故提取因子 2 得

$$z=2\left(\frac{1}{2}+\mathrm{i}\frac{\sqrt{3}}{2}\right)$$

已知 $\cos\dfrac{\pi}{3}=\dfrac{1}{2},\sin\dfrac{\pi}{3}=\dfrac{\sqrt{3}}{2}$, 故 $z=2\mathrm{e}^{\mathrm{i}\frac{\pi}{3}}$.

同样地, $z=1+\mathrm{i}$, 有 $|z|=\sqrt{2}$, 故提出因子 $\sqrt{2}$ 得

$$z=\sqrt{2}\left(\frac{\sqrt{2}}{2}+\mathrm{i}\frac{\sqrt{2}}{2}\right)=\sqrt{2}\mathrm{e}^{\mathrm{i}\frac{\pi}{4}}$$

命题 2.3.5 设 z 是非零复数, θ 是 z 的辐角, 则 z 的所有辐角的集合为 $\{\theta+2k\pi|k\in\mathbb{Z}\}$.

证明: 若 φ 是任意实数, 则有

$$\begin{aligned}(\varphi\text{是}z\text{的辐角}) &\Leftrightarrow z=|z|\mathrm{e}^{\mathrm{i}\varphi}(\text{由辐角的定义})\\ &\Leftrightarrow |z|\mathrm{e}^{\mathrm{i}\varphi}=|z|\mathrm{e}^{\mathrm{i}\theta}(\text{因为}\theta\text{是}z\text{的一个辐角})\\ &\Leftrightarrow \mathrm{e}^{\mathrm{i}\varphi}=\mathrm{e}^{\mathrm{i}\theta}(\text{约去 }|z|\neq 0)\\ &\Leftrightarrow \varphi=\theta[2\pi]\ (\text{命题 2.3.3})\end{aligned}$$

定义 2.3.4 一个非零复数的所有辐角模 2π 相等. 故, 若 θ 是 $z\neq 0$ 的一个辐角, 则记 $\arg z=\theta[2\pi]$. 称 z 在 $[0,2\pi[$ 中的辐角为 z 的辐角主值, 记为 $\mathrm{Arg}z$.

复数的三角形式与乘法是相容的, 因为:

命题 2.3.6 设 z,z' 是非零复数, 辐角为 θ,θ'. 则

$$zz'=|z||z'|\mathrm{e}^{\mathrm{i}(\theta+\theta')},\ \frac{z}{z'}=\frac{|z|}{|z'|}\mathrm{e}^{\mathrm{i}(\theta-\theta')}$$

换言之

$$\arg(zz')=\theta+\theta'[2\pi], \arg\left(\frac{z}{z'}\right)=\theta-\theta'[2\pi]$$

而且

$$\forall n\in\mathbb{N}, \arg z^n=n\theta[2\pi]$$

证明: 因为 $\arg z=\theta[2\pi], \arg z'=\theta'[2\pi]$, 所以 $z=|z|\mathrm{e}^{\mathrm{i}\theta}, z'=|z'|\mathrm{e}^{\mathrm{i}\theta'}$.

故

$$zz'=|z||z'|\mathrm{e}^{\mathrm{i}(\theta+\theta')},\ \frac{z}{z'}=\frac{|z|}{|z'|}\mathrm{e}^{\mathrm{i}(\theta-\theta')}$$

同样地

$$\forall n\in\mathbb{N}, z^n=|z|^n\mathrm{e}^{in\theta}$$

注: 上面证明过程利用了复指数的性质 (命题 2.3.3).

§2.3.5 三角形式的应用

复数的三角形式的应用很广泛, 下面介绍两种重要的应用.

(1) 线性化 (La linéarisation)(也称为去乘方): 可以将含正弦、余弦的乘方的表达式转化为含正弦、余弦的没有乘方的表达式, 目的是方便求解原函数. 这个操作基于公式:

$$\forall\theta\in\mathbb{R}, \cos\theta=\frac{\mathrm{e}^{\mathrm{i}\theta}+\mathrm{e}^{-\mathrm{i}\theta}}{2}, \sin\theta=\frac{\mathrm{e}^{\mathrm{i}\theta}-\mathrm{e}^{-\mathrm{i}\theta}}{2\mathrm{i}}$$

例, θ 是一个取定的实数, 将 $\cos^4\theta$ 线性化, 则有

$$\cos^4\theta=\left(\frac{\mathrm{e}^{\mathrm{i}\theta}+\mathrm{e}^{-\mathrm{i}\theta}}{2}\right)^4$$

$$
\begin{aligned}
&= \frac{1}{16}(e^{4i\theta} + 4e^{2i\theta} + 6 + 4e^{-2i\theta} + e^{-4i\theta}) \\
&= \frac{1}{16}(2\cos 4\theta + 8\cos 2\theta + 6) \\
&= \frac{\cos 4\theta + 4\cos 2\theta + 3}{8}
\end{aligned}
$$

更一般地, 可以将所有形为 $\cos^m\theta\sin^n\theta, m, n \in \mathbb{N}$ 的表达式线性化. 只须展开:

$$
\cos^m\theta\sin^n\theta = \left(\frac{e^{i\theta} + e^{-i\theta}}{2}\right)^m \left(\frac{e^{i\theta} - e^{-i\theta}}{2i}\right)^n
$$

(2) 复数使得将 $\cos n\theta$ 或 $\sin n\theta$ 化为关于 $\cos\theta$ 与 $\sin\theta$ 的函数的计算更简便, 公式基于:

$$
e^{in\theta} = \cos n\theta + i\sin n\theta = (\cos\theta + i\sin\theta)^n
$$

只须将右式展开, 实部等于 $\cos n\theta$, 虚部等于 $\sin n\theta$.

例, 如果把 $\cos 3\theta$ 按原来的方法展开, 则要用加法公式:

$$
\begin{aligned}
\cos 3\theta &= \cos(2\theta + \theta) = \cos 2\theta\cos\theta - \sin 2\theta\sin\theta \\
&= (2\cos^2\theta - 1)\cos\theta - 2\cos\theta\sin^2\theta \\
&= (2\cos^2\theta - 1)\cos\theta - 2\cos\theta(1 - \cos^2\theta) \\
&= \cos\theta(4\cos^2\theta - 3)
\end{aligned}
$$

这还不是非常困难, 但要求熟悉加法公式, 并注意计算错误. 用新的方法展开 $(\cos\theta + i\sin\theta)^3$, 并只看实部:

$$
\begin{aligned}
(\cos\theta + i\sin\theta)^3 &= \cos^3\theta - 3\cos\theta\sin^2\theta + \text{纯虚数的项} \\
&= \cos^3\theta - 3\cos\theta(1 - \cos^2\theta) + \text{纯虚数的项} \\
&= \cos\theta(4\cos^2\theta - 3) + \text{纯虚数的项}
\end{aligned}
$$

求得的结果与前面所求的结果一样. 但是前面的方法过程更难, 这个方法只是立方式展开.

§2.4 二次方程在 $\mathbb{C}$ 中的解

§2.4.1 复数的平方根

定义 2.4.1 设 z 是复数, 把所有满足 $\omega^2 = z$ 的复数 ω 称为 z 的平方根 (racine carrées de z).

命题 2.4.1　所有非零复数都有且只有两个平方根, 它们互为相反数.

证明: 设 z 是非零复数. 已知存在 $\theta \in \mathbb{R}$ 使得 $z = |z|\mathrm{e}^{\mathrm{i}\theta}$. 显然 $\pm\sqrt{|z|}\mathrm{e}^{\frac{\mathrm{i}\theta}{2}}$ 是 z 的两个平方根. 由于 $|z| \neq 0$, 故这两个根不等. 因此 z 至少有两个平方根, 它们互为相反数.

设 ω 是 z 的一个平方根. 可以排除 $\omega = 0$ 的情况: 因为若 $\omega = 0$, 则 $z = \omega^2 = 0$, 而已假设 $z \neq 0$. 因此, 存在 φ 使得 $\omega = |\omega|\mathrm{e}^{\mathrm{i}\varphi}$. 于是 $|z|\mathrm{e}^{\mathrm{i}\theta} = \omega^2 = |\omega|^2\mathrm{e}^{2\mathrm{i}\varphi}$. 故 $|\omega|^2 = |z|$ 且 $\mathrm{e}^{\mathrm{i}\theta} = \mathrm{e}^{2\mathrm{i}\varphi}$.

一方面, 有 $|\omega| = \sqrt{|z|}$; 另一方面, 利用**命题 2.3.3**, 有 $2\varphi = \theta[2\pi]$, 从而 $\varphi = \dfrac{\theta}{2}[\pi]$. 因此, 存在一个整数 k 使得 $\omega = \sqrt{|z|}\mathrm{e}^{\mathrm{i}\left(\frac{\theta}{2}+k\pi\right)}$. 若 k 是偶数, 可得 $\sqrt{|z|}\mathrm{e}^{\frac{\mathrm{i}\theta}{2}}$; 若 k 是奇数, 可得 $-\sqrt{|z|}\mathrm{e}^{\frac{\mathrm{i}\theta}{2}}$. 故 z 有且只有两个平方根: $\pm\sqrt{|z|}\mathrm{e}^{\frac{\mathrm{i}\theta}{2}}$.

因此得到了一个结论: 无论怎样的非零复数, 都有且只有两个平方根. 此外, 如果能将 z 化为三角形式, 则可以表示出这两个平方根, 即 $\pm\sqrt{|z|}\mathrm{e}^{\frac{\mathrm{i}\theta}{2}}$, 其中 θ 是 z 的一个辐角.

例 2.4.1　已知 $1 + \mathrm{i}\sqrt{3} = 2\mathrm{e}^{\frac{\mathrm{i}\pi}{3}}$, 故其平方根为 $\pm\sqrt{2}\mathrm{e}^{\frac{\mathrm{i}\pi}{6}} = \pm\sqrt{2}\left(\dfrac{\sqrt{3}}{2} + \dfrac{\mathrm{i}}{2}\right)$. 但问题是, 并不是总能明确地找到一个非零复数的三角形式. 例如, 不能给出 $1 + 5\mathrm{i}$ 的辐角的可算出来的值.

但是人们总是能明确地找到任意一个非零复数的平方根. 如设 $z = x+\mathrm{i}y \neq 0, x, y \in \mathbb{R}$; 利用待定系数法, 设 $w = a+\mathrm{i}b$ 是一个平方根, $a, b \in \mathbb{R}$, 则有 $x+\mathrm{i}y = z = w^2 = a^2-b^2+2\mathrm{i}ab$. 让实部、虚部分别相等, 可得到 a, b 满足的方程组:

$$\begin{cases} a^2 - b^2 & = x \\ ab & = \dfrac{y}{2} \end{cases}$$

将第二式两边平方并乘以 (-1), 有

$$\begin{cases} a^2 + (-b^2) & = x \\ a^2(-b^2) & = -\dfrac{y^2}{4} \end{cases}$$

根据韦达定理知, a^2 与 $-b^2$ 是二次方程 $X^2 - xX - \dfrac{y^2}{4} = 0$ 的根.

用通常的方法对二次方程 $x^2 - xX - \dfrac{y^2}{4} = 0$ 求解判别式 $\Delta = x^2 + y^2 = |z|^2 > 0$, 其根为 $\dfrac{x-|z|}{2}$ 与 $\dfrac{x+|z|}{2}$. 第一个根是非正的, 第二个根是非负的. 可推出:

$$-b^2 = \frac{x-|z|}{2}, a^2 = \frac{x+|z|}{2}$$

故

$$a^2 = \frac{x+|z|}{2}, b^2 = \frac{|z|-x}{2}.$$

进而有,

$$a=\pm\sqrt{\frac{x+|z|}{2}},b=\pm\sqrt{\frac{|z|-x}{2}}$$

根据 + 或 − 选取的组合, 数对 (a,b) 有 4 种可能. 已知 z 只有两个平方根, 故有舍去的可能. 根据 $ab=\frac{y}{2}$, 求得

$$\sqrt{\frac{x+|z|}{2}}\sqrt{\frac{|z|-x}{2}}=\sqrt{\frac{|z|^2-x^2}{4}}=\frac{\sqrt{y^2}}{2}=\frac{|y|}{2}$$

- 若 $y>0$, 则 a,b 只可能是

$$\begin{cases}a=\sqrt{\dfrac{x+|z|}{2}}\\ b=\sqrt{\dfrac{|z|-x}{2}}\end{cases},\quad\begin{cases}a=-\sqrt{\dfrac{x+|z|}{2}}\\ b=-\sqrt{\dfrac{|z|-x}{2}}\end{cases}$$

故 z 的两个平方根为

$$w_1=\sqrt{\frac{|z|+x}{2}}+\mathrm{i}\sqrt{\frac{|z|-x}{2}},\quad w_2=-w_1=-\sqrt{\frac{|z|+x}{2}}-\mathrm{i}\sqrt{\frac{|z|-x}{2}}$$

- 若 $y<0$, 则 a,b 只可能是

$$\begin{cases}a=-\sqrt{\dfrac{x+|z|}{2}}\\ b=\sqrt{\dfrac{|z|-x}{2}}\end{cases},\quad\begin{cases}a=\sqrt{\dfrac{x+|z|}{2}}\\ b=-\sqrt{\dfrac{|z|-x}{2}}\end{cases}$$

故 z 的两个平方根为

$$w_1=-\sqrt{\frac{|z|+x}{2}}+\mathrm{i}\sqrt{\frac{|z|-x}{2}},\quad w_2=-w_1=\sqrt{\frac{|z|+x}{2}}-\mathrm{i}\sqrt{\frac{|z|-x}{2}}$$

例 2.4.2 (1) 还以 $1+5\mathrm{i}$ 为例, 不知道确切的三角形式. 利用待定系数法, 有

$$z=1+5\mathrm{i},x=1,y=5\geqslant 0,|z|=\sqrt{26}$$

z 的平方根为

$$w_1=\sqrt{\frac{1+\sqrt{26}}{2}}+\mathrm{i}\sqrt{\frac{\sqrt{26}-1}{2}},w_2=-w_1=-\sqrt{\frac{1+\sqrt{26}}{2}}-\mathrm{i}\sqrt{\frac{\sqrt{26}-1}{2}}$$

(2) 设 $z=2\mathrm{e}^{\frac{\mathrm{i}\pi}{6}}=\sqrt{3}+\mathrm{i}$, 故 z 的两个平方根为 $\sqrt{2}\mathrm{e}^{\frac{\mathrm{i}\pi}{12}},-\sqrt{2}\mathrm{e}^{\frac{\mathrm{i}\pi}{12}}$. 另一方面, z 的两个平方根还是 $\sqrt{\dfrac{\sqrt{3}+2}{2}}+\mathrm{i}\sqrt{\dfrac{2-\sqrt{3}}{2}}$ 和 $-\sqrt{\dfrac{\sqrt{3}+2}{2}}-\mathrm{i}\sqrt{\dfrac{2-\sqrt{3}}{2}}$. 比较实部或虚部的符号可知, $\sqrt{2}\mathrm{e}^{\frac{\mathrm{i}\pi}{12}}=\sqrt{\dfrac{\sqrt{3}+2}{2}}+\mathrm{i}\sqrt{\dfrac{2-\sqrt{3}}{2}}$. 因此可以给出 $\cos\dfrac{\pi}{12}$ 与 $\sin\dfrac{\pi}{12}$ 的值:

$$\cos\frac{\pi}{12}=\frac{\sqrt{\sqrt{3}+2}}{2},\quad \sin\frac{\pi}{12}=\frac{\sqrt{2-\sqrt{3}}}{2}$$

注 2.4.1 例 2.4.2 没有用符号 $\sqrt{z}$ 来表示复数的平方根.

事实上, 这与 $\mathbb{R}$ 有很大差异. 一个正的实数 x 有一个正平方根与一个负平方根, 可以通过符号来区分这两个平方根, 并决定正的那个根是 x 的算术平方根, 并记为 $\sqrt{x}$. 相反地, 在 $\mathbb{C}$ 中, 由于没有与 $\mathbb{R}$ 中一样正负的概念, 因此不能区分复数的两个平方根. 故不会出现符号 $\sqrt{z}$, 除非 z 是一个非负实数.

§2.4.2 二次方程

命题 2.4.2 设 a,b,c 是三个复数, $a\neq 0,\varDelta=b^2-4ac$ 是其判别式.

(1) 若 $\varDelta\neq 0$, 记 δ 是 $\varDelta$ 的一个平方根. 则方程 $az^2+bz+c=0$ 有两个解 (单根), 即 $\dfrac{-b-\delta}{2a}$ 与 $\dfrac{-b+\delta}{2a}$.

(2) 若 $\varDelta=0$, 则关于未知数 z 的方程 $az^2+bz+c=0$, 只有一个解 (二重根) $-\dfrac{b}{2a}$.

证明: (1) 当 $\varDelta=0$ 时, 有 $b^2-4ac=0$, 故 $c=\dfrac{b^2}{4a}$. 因为 $a\neq 0$, 所以

$$\begin{aligned}\forall z\in\mathbb{C}, az^2+bz+c=0&\Leftrightarrow az^2+bz+\frac{b^2}{4a}=0\\&\Leftrightarrow 4a^2z^2+4abz+b^2=0\\&\Leftrightarrow (2az+b)^2=0\\&\Leftrightarrow z=-\frac{b}{2a}\end{aligned}$$

(2) 若 $\Delta\neq 0$, 记 δ 为 Δ 的一个平方根. 设 $z\in\mathbb{C}$, 则有

$$\begin{aligned}az^2+bz+c=0&\Leftrightarrow z^2+\frac{b}{a}z+\frac{c}{a}=0\\&\Leftrightarrow\left(z+\frac{b}{2a}\right)^2-\frac{b^2}{4a^2}+\frac{c}{a}=0\\&\Leftrightarrow\left(z+\frac{b}{2a}\right)^2-\underbrace{\frac{b^2-4ac}{4a^2}}_{[\delta/(2a)]^2}=0\end{aligned}$$

$$\Leftrightarrow \left(z+\frac{b}{2a}-\frac{\delta}{2a}\right)\left(z+\frac{b}{2a}+\frac{\delta}{2a}\right)=0$$

$$\Leftrightarrow z=\frac{-b-\delta}{2a} \text{ 或 } z=\frac{-b+\delta}{2a}$$

§2.5　复数的 n 次方根

定义 2.5.1　设 z 是非零复数, n 是非零自然数. 一般把每一个满足 $\omega^n=z$ 的复数 ω 称为 z 的一个 n 次方根.

特别地, 若 $z=1$, 则称 ω 为一个 n 次单位根, 所有 n 次单位根的集合记为 $\mathbb{U}_n$.

对 n 次单位根的研究大大地简化了任意一个非零复数的 n 次方根的情形.

定理 2.5.1 (带余除法定理)　设 $a,b\in\mathbb{Z}$, 则存在唯一的整数对 (q,r) 满足 $a=bq+r$, 其中 $r\in[\![0,|b|-1,]\!]$.

命题 2.5.1　设 n 是非零自然数, 则恰好有 n 个 n 次单位根. 更准确地说, $\mathbb{U}_n=\{\mathrm{e}^{\frac{2\mathrm{i}k\pi}{n}}|k\in[\![0,n-1]\!]\}$.

证明: 首先证明 $\mathbb{U}_n$ 非空: $1\in\mathbb{U}_n$, 因为 $1^n=1$. 然后观察到所有 n 次单位根的模都为 1:

事实上, 若 $\omega^n=1$, 则 $|\omega|^n=1$. 由于 $|\omega|$ 是非负实数, 因此只可能是 1, 因此 $\omega\in\mathbb{U}$.

下面来求所有 n 次单位根. 设 $\omega=e^{\mathrm{i}\theta}\in\mathbb{U}$, 则有

$$\begin{aligned}\omega\in\mathbb{U}_n &\Leftrightarrow \omega^n=1\\ &\Leftrightarrow \mathrm{e}^{ni\theta}=\mathrm{e}^{\mathrm{i}0}\\ &\Leftrightarrow n\theta=0[2\pi]\\ &\Leftrightarrow \theta=0\left[\frac{2\pi}{n}\right]\end{aligned}$$

故 $\mathbb{U}_n=\{\mathrm{e}^{\frac{2\mathrm{i}k\pi}{n}}|k\in\mathbb{Z}\}$. 这个集合看起来有无穷多个元素, 但事实并非如此. 由于正、余弦函数的周期性, 因此有很多重复.

下面证明 $\mathbb{U}_n=\{\mathrm{e}^{\frac{2\mathrm{i}k\pi}{n}}|k\in[\![0,n-1]\!]\}$. 显然右边的集合包含于 $\mathbb{U}_n$. 下面证明反包含.

设 $\omega\in\mathbb{U}_n$. 已知存在 $k\in\mathbb{Z}$ 使得 $\omega=\mathrm{e}^{\frac{2\mathrm{i}k\pi}{n}}$. 作 k 对 n 的带余除法:

存在两个自然数 q 与 r, $0\leqslant r\leqslant n-1$, 使得 $k=nq+r$.

故 $\omega=\mathrm{e}^{\frac{2\mathrm{i}k\pi}{n}}=\mathrm{e}^{2\mathrm{i}\pi(nq+r)/n}=\mathrm{e}^{2\mathrm{i}\pi q}\mathrm{e}^{2\mathrm{i}r\pi/n}=\mathrm{e}^{2\mathrm{i}r\pi/n}$.

这就证明了 $\mathbb{U}_n=\{\mathrm{e}^{2\mathrm{i}r\pi/n}|r\in[\![0,n-1]\!]\}=\{1,\mathrm{e}^{2\mathrm{i}\pi/n},\cdots,\mathrm{e}^{2\mathrm{i}(n-1)\pi/n}\}$.

最后证明这 n 个复数是各不相同的.

假设其中两个复数是相等的, 即 $e^{2ik\pi/n}=e^{2ir\pi/n}, 0\leqslant k,r\leqslant n-1$, 于是 $\dfrac{2k\pi}{n}=\dfrac{2r\pi}{n}[2\pi]$, 从而 $k=r[n]$, 这表示 $k=r+mn, m\in\mathbb{Z}$. 于是 $mn=k-r$, 而 k 与 r 都包含在 0 至 $n-1$ 之间, 因此 $|k-r|\leqslant n-1$. 故 $|m|=\dfrac{|k-r|}{n}\leqslant\dfrac{n-1}{n}<1$. 由于 $|m|$ 是整数, 故 $|m|=0$, 从而 $m=0$.

由逆否命题与原命题等价知, 若 $k\neq r$ 是 0 与 $n-1$ 之间的两个整数, 则 $e^{2ik\pi/n}\neq e^{2ir\pi/n}$. 故 $\mathbb{U}_n$ 含有 n 个元素.

例 2.5.1　$\mathbb{U}_1=\{1\}, \mathbb{U}_2=\{-1,1\}$.

推论 2.5.1　设 z 是非零复数, n 是非零自然数, 则 z 恰好有 n 个 n 次方根. 更准确地说, 若 ω_0 是 z 的一个 n 次方根, 则 z 的所有 n 次方根的集合是 $\{\omega_0 e^{2ik\pi/n} | k\in[\![0,n-1]\!]\}$.

证明: 由于 z 非零, 故可将 z 写成三角形式: $z=|z|e^{i\theta}, \theta\in\mathbb{R}$. 显然, $|z|^{\frac{1}{n}}e^{\frac{i\theta}{n}}$ 是 z 的一个 n 次方根, 记 $\mathbb{U}_z$ 为 z 的 n 次方根的集合. 可知 $\mathbb{U}_z$ 非空. 设 $\omega_0\in\mathbb{U}_z$ 是任意的一个元素. 下面证明 $\mathbb{U}_z=\{\omega_0 e^{2ik\pi/n} | k\in[\![0,n-1]\!]\}$.

取右边集合中的一个元素 ω: 存在 $k\in[\![0,n-1]\!]$ 使得 $\omega=\omega_0 e^{2ik\pi/n}$, 于是 $\omega^n=\omega_0^n e^{2ik\pi}=z\times 1=z$, 故 $\omega\in\mathbb{U}_z$. 第一个包含式得证. 对于反包含: 设 $\omega\in\mathbb{U}_z$, 则 $\left(\dfrac{\omega}{\omega_0}\right)^n=\dfrac{\omega^n}{\omega_0^n}=\dfrac{z}{z}=1$. 从而 $\dfrac{\omega}{\omega_0}$ 是一个 n 次单位根. 根据**命题 2.5.1** 知, 存在 $k\in[\![0,n-1]\!]$ 使得 $\dfrac{\omega}{\omega_0}=e^{2ik\pi/n}$, 因此 $\omega=\omega_0 e^{2ik\pi/n}$. 另一个包含得证, 并且可以说恰好有 n 个 z 的 n 次方根.

复习因式分解: 设 $a,b\in\mathbb{C}$, 则

$$a^n-b^n=(a-b)(a^{n-1}+a^{n-2}b+a^{n-3}b^2+\cdots+ab^{n-2}+b^{n-1})=(a-b)\sum_{k=0}^{n-1}a^{n-1-k}b^k$$

命题 2.5.2　设 n 是非零自然数, $\omega\neq 1$ 是一个 n 次单位根, 则 $\sum\limits_{k=0}^{n-1}\omega^k=0$.

证明: $\sum\limits_{k=0}^{n-1}\omega^k=\dfrac{1-\omega^n}{1-\omega}=\dfrac{1-1}{1-\omega}=0$.

推论 2.5.2　设 $n\in\mathbb{N}^*\backslash\{1\}$, 则 n 次单位根的和为 0.

证明: 记 $\omega=e^{2i\pi/n}$, 则 $\omega\neq 1$. 由**命题 2.5.1** 可看出, n 次单位根的集合 $\mathbb{U}_n$ 是由 $1,\omega,\cdots,\omega^{n-1}$ 组成的, 根据**命题 2.5.2** 知, 这些数的和是 0.

§2.6　平面变换简介

把复数 $a+ib$ 看作与平面中的点 (a,b) 相似, 将能够准确地表示这个对应, 证明它实际上是一个双射. 并利用建立在 $\mathbb{C}$ 上的性质来得到平面上几何的结论.

§2.6.1　附标的定义和性质

定义 2.6.1　(1) 称平面中所有点的集合为仿射平面, 仿射平面记为 $\mathcal{P}$, 仿射平面中的点记为 $M=(x,y)$.

(2) 称平面中所有向量的集合为向量平面, 向量平面记为 $\overrightarrow{\mathcal{P}}$, 为了区分点的坐标, 向量平面中的向量记为 $\vec{u}=\begin{pmatrix}u_1\\u_2\end{pmatrix}$.

(3) 设 $M=(x,y)$ 是平面上一点, 称复数 $z(M)=x+\mathrm{i}y$ 为 M 的附标 (affixe).

(4) 设 $\vec{u}=\begin{pmatrix}u_1\\u_2\end{pmatrix}$ 是平面中一个向量, 称复数 $z(\vec{u})=u_1+\mathrm{i}u_2$ 为 $\vec{u}$ 的附标; 称 $\sqrt{u_1^2+u_2^2}$ 为向量 $\vec{u}$ 的范数, 记为 $\|\vec{u}\|$.

命题 2.6.1

(1) 设 M,N 是平面中两点, 向量 $\overrightarrow{MN}$ 的附标是 $z(N)-z(M)$.

(2) $\forall\vec{u},\vec{v}\in\overrightarrow{\mathcal{P}},\forall(\lambda,\mu)\in\mathbb{R}^2,z(\lambda\vec{u}+\mu\vec{v})=\lambda z(\vec{u})+\mu z(\vec{v})$.

(3) $\forall\vec{u}\in\overrightarrow{\mathcal{P}},\|\vec{u}\|=|z(\vec{u})|$.

(4) $\forall M,N\in\mathcal{P},d(M,N)=|z(M)-z(N)|$.

(5) $\forall\vec{u},\vec{v}\in\overrightarrow{\mathcal{P}},|\|\vec{u}\|-\|\vec{v}\||\leqslant\|\vec{u}-\vec{v}\|\leqslant\|\vec{u}\|+\|\vec{v}\|$.

(6) $\forall M,N,P\in\mathcal{P},|d(M,N)-d(N,P)|\leqslant d(M,P)\leqslant d(M,N)+d(N,P)$.

证明: 所有这些结论都是平面中点或向量的附标定义的简单推论.

(1) 设 $M=(x_M,y_M),N=(x_N,y_N)$ 为平面中两点, 因此有 $\overrightarrow{MN}=\begin{pmatrix}x_N-x_M\\y_N-y_M\end{pmatrix}$. 根据**定义 2.6.1** 及 $\mathbb{C}$ 中的运算法则, 有

$$z(\overrightarrow{MN})=(x_N-x_M)+\mathrm{i}(y_N-y_M)=x_N+\mathrm{i}y_N-(x_M+\mathrm{i}y_M)=z(N)-z(M)$$

(2) 设 $\vec{u}=\begin{pmatrix}u_1\\u_2\end{pmatrix},\vec{v}=\begin{pmatrix}v_1\\v_2\end{pmatrix}$ 是平面中两个向量, λ,μ 是两个实数, 则有

$$\lambda\vec{u}+\mu\vec{v}=\lambda\begin{pmatrix}u_1\\u_2\end{pmatrix}+\mu\begin{pmatrix}v_1\\v_2\end{pmatrix}=\begin{pmatrix}\lambda u_1\\\lambda u_2\end{pmatrix}+\begin{pmatrix}\mu v_1\\\mu v_2\end{pmatrix}=\begin{pmatrix}\lambda u_1+\mu v_1\\\lambda u_2+\mu v_2\end{pmatrix}$$

故

$$z(\lambda\vec{u}+\mu\vec{v})=(\lambda u_1+\mu v_1)+\mathrm{i}(\lambda u_2+\mu v_2)=\lambda(\underbrace{u_1+\mathrm{i}u_2}_{=z(\vec{u})})+\mu(\underbrace{v_1+\mathrm{i}v_2}_{=z(\vec{v})})$$

(3) 根据向量范数的定义, 有

$$\forall \vec{u} = \begin{pmatrix} u_1 \\ u_2 \end{pmatrix} \in \overrightarrow{\mathcal{P}}, \|\vec{u}\| = \sqrt{u_1^2 + u_2^2} = |u_1 + \mathrm{i}u_2| = |z(\vec{u})|$$

(4) 性质 (4) 是性质 (1), (3) 与两点之间距离定义的推论, 即

$$\forall M, N \in \mathcal{P}, d(M, N) = \|\overrightarrow{MN}\| = |z(\overrightarrow{MN})| = |z(M) - z(N)|$$

(5) 性质 (5) 是两个复数的三角不等式的推论. 事实上, 已知

$$\forall z_1, z_2 \in \mathbb{C}, ||z_1| - |z_2|| \leqslant |z_1 - z_2| \leqslant |z_1| + |z_2|$$

利用这一点及性质 (2), (3) 可得到性质 (5), 即

$$\begin{cases} \|\vec{u}\| = |z(\vec{u})| \\ \|\vec{v}\| = |z(\vec{v})| \end{cases} \quad 及 \quad \|\vec{u} - \vec{v}\| = |z(\vec{u} - \vec{v})| = |z(\vec{u}) - z(\vec{v})|$$

(6) 性质 (6) 由两点之间距离的定义及性质 (5) 可直接推出.

§2.6.2 平面上的变换

本小节介绍几个常用的平面上的变换 (transformations du plan).

1. 位似变换

定义 2.6.2 (点沿着向量的平移) 设 $\Omega = (x, y)$ 是平面上一点, $\vec{u} = \begin{pmatrix} u_1 \\ u_2 \end{pmatrix}$ 是一个非零向量. Ω 沿着向量 $\vec{u}$ 的平移定义为一个新的点:

$$\Omega + \vec{u} = (x + u_1, y + u_2)$$

定义 2.6.3 设 Ω 是平面上一点, λ 是一个非零实数. 以 Ω 为中心, λ 为比例的位似变换 (homothéties) 是映射 $h_{\Omega,\lambda}$, 其定义为

$$\forall M \in \mathcal{P}, \quad h_{\Omega,\lambda}(M) = \Omega + \lambda\overrightarrow{\Omega M}$$

设 ω 为点 Ω 的附标, m 为点 M 的附标, 那么

$$h_{\Omega,\lambda}(m) = \omega + \lambda(m - \omega)$$

命题 2.6.2 设 $\Omega = (a, b) \in \mathcal{P}, \lambda \in \mathbb{R}^*$, 记 h 为以 Ω 为中心、λ 为比例的位似变换.
(1) 对于任意点 A, B, 有 $\overrightarrow{h(A)h(B)} = \lambda\overrightarrow{AB}$.

(2) h 将距离乘以 $|\lambda|$.

(3) 设 $\mathscr{D}$ 是过 A 点的一条直线, $\mathscr{D}$ 在 h 下的像是过 $h(A)$ 点与 $\mathscr{D}$ 平行的直线.

(4) 设 $\mathscr{C}(C,R)$ 是一个圆, 它在 h 下的像是以 $h(C)$ 为圆心. $|\lambda|R$ 为半径的圆.

(5) $\forall M=(x,y)\in\mathcal{P}, h(M)=(a+\lambda(x-a), b+\lambda(y-b))$.

注 2.6.1　$h_{\Omega,\lambda}$ 是双射, 且逆映射是 $h_{\Omega,\frac{1}{\lambda}}$.

2. 旋转变换

定义 2.6.4　设 $\Omega\in\mathcal{P}$ 的附标为 ω, $\theta\in\mathbb{R}$. 以 Ω 为中心, 旋转角为 θ 的旋转变换 (rotations) 是指映射 $r_{\Omega,\theta}$. 从复数的角度, 它定义为

$$z'=\omega+(z-\omega)\mathrm{e}^{\mathrm{i}\theta}$$

其中, z' 表示以 z 为附标的点 M 经过旋转变换后得到的点 $r_{\Omega,\theta}(M)$ 的附标.

命题 2.6.3　设 $\Omega=(a,b)\in\mathcal{P},\theta\in\mathbb{R}$. 若 $M=(x,y)\in\mathcal{P}$, 则

$$r_{\Omega,\theta}(M)=(a+(x-a)\cos\theta-(y-b)\sin\theta, b+(x-a)\sin\theta+(y-b)\cos\theta)$$

通过这个公式可以得到下列性质:

命题 2.6.4　设 $\Omega\in\mathcal{P},\theta\in\mathbb{R}$, 记 r 为以 Ω 为中心、旋转角度为 θ 的旋转, 则

(1) r 保距.

(2) 直线 $\mathscr{D}$ 在 r 下的像是直线 $\mathscr{D}'$, 这两条直线的方向向量之间的夹角模 2π 为 θ.

(3) 圆 $\mathscr{C}(C,R)$ 的像是圆 $\mathscr{C}(r(C),R)$.

3. 对称变换

定义 2.6.5　设 $\Omega\in\mathcal{P}, s:\mathcal{P}\to\mathcal{P}, M\mapsto\Omega-\overrightarrow{\Omega M}$ 称为关于点 Ω 的对称变换 (symmétries). s 也称为以 Ω 为对称中心的中心对称变换.

注 2.6.2　以 Ω 为中心、-1 为比例的位似变换 $h_{\Omega,-1}$ 也称为关于 Ω 的中心对称变换.

命题 2.6.5　映射 $z\mapsto\bar{z}$ 表示的是平面上的关于直线 (Ox) 轴的对称变换.

注 2.6.3　这个映射也称为以 (Ox) 为对称轴的轴对称变换.

习　题

1. Soit $|z|=1$ et $z\neq1$. Montrer que: $\dfrac{z+1}{z-1}\in\mathrm{i}\mathbb{R}$.

设 $|z|=1$ 且 $z\neq1$, 证明 $\dfrac{z+1}{z-1}\in\mathrm{i}\mathbb{R}$.

2. Soit $z\in\mathbb{C}^*$ et $z'\in\mathbb{C}$. Montrer que: $|z+z'|=|z|+|z'|\Leftrightarrow\exists\lambda\in\mathbb{R}_+, z'=\lambda z$.

设 $z\in\mathbb{C}^*, z'\in\mathbb{C}$. 证明三角不等式等号成立的条件:

$$|z+z'|=|z|+|z'| \Leftrightarrow \exists \lambda \in \mathbb{R}_+, z'=\lambda z$$

3. Résoudre l'équation$|z+1|=|z|+1$ d'inconnue $z \in \mathbb{C}$.

在 $\mathbb{C}$ 中求解方程 $|z+1|=|z|+1$.

4. Soit $x \in \mathbb{R}, n \in \mathbb{N}$, calculer les sommes:

设 $x \in \mathbb{R}, n \in \mathbb{N}$, 求下列和:

(1) $\sum\limits_{k=0}^{n} \cos kx$.　(2) $\sum\limits_{k=0}^{n} \sin kx$.　(3) $\sum\limits_{k=0}^{n} \dfrac{\cos kx}{\cos^k x}$.

(4) $\sum\limits_{k=0}^{n} \dfrac{\sin kx}{\cos^k x}$.　(5) $\sum\limits_{k=0}^{n} \cos kx \cos^k x$.　(6) $\sum\limits_{k=0}^{n} \sin kx \cos^k x$.

5. Soit $n \in \mathbb{N}$. Résoudre, lorsqu'elle a un sens, l'équation: $\sum\limits_{k=0}^{n} \dfrac{\cos kx}{\cos^k x}=0$.

设 $n \in \mathbb{N}$, 解方程 $\sum\limits_{k=0}^{n} \dfrac{\cos kx}{\cos^k x}=0$.

6. Si $(x,y,z) \in \mathbb{R}^3$ vérifie $\mathrm{e}^{\mathrm{i}x}+\mathrm{e}^{\mathrm{i}y}+\mathrm{e}^{\mathrm{i}z}=0$. Montrer que: $\mathrm{e}^{2\mathrm{i}x}+\mathrm{e}^{2\mathrm{i}y}+\mathrm{e}^{2\mathrm{i}z}=0$.

设 $(x,y,z) \in \mathbb{R}^3$ 满足 $\mathrm{e}^{\mathrm{i}x}+\mathrm{e}^{\mathrm{i}y}+\mathrm{e}^{\mathrm{i}z}=0$. 证明:

$$\mathrm{e}^{2\mathrm{i}x}+\mathrm{e}^{2\mathrm{i}y}+\mathrm{e}^{2\mathrm{i}z}=0$$

7. Déterminer module et argument de $\mathrm{e}^{\mathrm{i}\theta}+1$ et de $\mathrm{e}^{\mathrm{i}\theta}-1$ pour $\theta \in \mathbb{R}$.

设 $\theta \in \mathbb{R}$, 求 $\mathrm{e}^{\mathrm{i}\theta}+1$ 和 $\mathrm{e}^{\mathrm{i}\theta}-1$ 的三角形式, 并给出它们的模和辐角.

8. Déterminer module et argument de $z=\sqrt{2+\sqrt{2}}+\mathrm{i}\sqrt{2-\sqrt{2}}$.

求 $z=\sqrt{2+\sqrt{2}}+\mathrm{i}\sqrt{2-\sqrt{2}}$ 的模和辐角.

9. Simplifier $\dfrac{\mathrm{e}^{\mathrm{i}\theta}-1}{\mathrm{e}^{\mathrm{i}\theta}+1}$ pour $\theta \in]-\pi,\pi[$.

设 $\theta \in]-\pi,\pi[$, 化简 $\dfrac{\mathrm{e}^{\mathrm{i}\theta}-1}{\mathrm{e}^{\mathrm{i}\theta}+1}$.

10. Linéarisation de $\cos^m x \sin^n x$.

将下列表达式线性化:

(1) $\cos^3 x$　(2) $\cos^2 x \sin^2 x$　(3) $\sin x \cos^2 x$　(4) $\sin^3 x \cos^4 x$

11. Calculer:

$$\frac{\sin 6x}{\sin x}$$

en fonction de $\cos x$. 用 $\cos x$ 表示 $\dfrac{\sin 6x}{\sin x}$.

12. Soit $n \in \mathbb{N}^*$, soit ω une racine $n^{\text{ème}}$ de l'unité différente de 1. On pose $S=\sum\limits_{k=0}^{n-1}(k+1)\omega^k$. En calculant $(1-\omega)S$, déterminer la valeur de S.

设 $n \in \mathbb{N}^*, \omega^n=1$ 且 $\omega \neq 1$, $S=\sum\limits_{k=0}^{n-1}(k+1)\omega^k$. 计算 $(1-\omega)S$, 并得出 S 的值.

13. Soit $n \in \mathbb{N}^*$. On note U_n l'ensemble des racines $n^{\text{ème}}$ d'unité. Calculer $\sum\limits_{z \in U_n} |z-1|$.

设 $n \in \mathbb{N}^*, U_n = \{z \in \mathbb{C} | z^n = 1\}$. 计算 $\sum\limits_{z \in U_n} |z-1|$.

14. Soit $\omega = \mathrm{e}^{\frac{2\mathrm{i}\pi}{7}}$. Calculer les nombres: $A = \omega + \omega^2 + \omega^4, B = \omega^3 + \omega^5 + \omega^6$.

设 $\omega = \mathrm{e}^{\frac{2\mathrm{i}\pi}{7}}$. 计算数值: $A = \omega + \omega^2 + \omega^4$ 和 $B = \omega^3 + \omega^5 + \omega^6$.

15. (1) Déterminer les racines carrées complexes des $5 - 12\mathrm{i}$ et $2\sqrt{2} - 3$.

分别求 $5 - 12\mathrm{i}$ 和 $2\sqrt{2} - 3$ 的平方根.

(2) Résoudre l'équation $z^3 - (1+2\mathrm{i})z^2 + 3(1+\mathrm{i})z - 10(1+\mathrm{i}) = 0$ en commençant par observer l'existence d'une solution imaginaire pure.

解方程 $z^3 - (1+2\mathrm{i})z^2 + 3(1+\mathrm{i})z - 10(1+\mathrm{i}) = 0$.

提示: 首先考虑纯虚数的根.

(3) Quelles particularités a le triangle dont les sommets ont pour affixe les solutions de l'équation précédente ?

(2) 中方程的根构成了什么图形?

16. (1) Soit a, b, c formant un vrai triangle dans le plan complexe. Déterminer les affixes m tels que le quardrilatère de sommets a, b, c et m forme un parallélogramme.

设 a, b, c 在复平面上构成一个三角形, 求一个复数 m 使得它与 a, b, c 在复平面上构成平行四边形.

(2) Déterminer les nombres complexes $z \in \mathbb{C}$ tels que z et ses trois racines cubiques forment un parallélogramme.

求复数 z 使得 z 和它的三个三次方根构成平行四边形.

17. Soient $a, b \in \mathbb{C}$. Montrer $|a| + |b| \leqslant |a+b| + |a-b|$ et préciser les cas d'égalité.

设 $a, b \in \mathbb{C}$. 证明不等式 $|a| + |b| \leqslant |a+b| + |a-b|$ 并给出等号成立的条件.

18. Soit $n \in \mathbb{N}^*$. Résoudre l'équation $(z+1)^n = (z-1)^n$. Combien y a-t-il de solutions?

设 $n \in \mathbb{N}^*$. 解方程 $(z+1)^n = (z-1)^n$ 并说明该方程解的个数.

第 3 章　初等平面几何

本章将展开介绍平面几何的精确理论. 一方面, 希望证明如何从零开始构造一套理论; 另一方面, 希望得出在平面中向量计算的共有的性质, 以便于为向量空间及线性代数部分做准备. 这两部分内容是用比较抽象的方式概括的.

§3.1　点与向量

§3.1.1　定　义

定义 3.1.1　称 $\mathcal{P}=\mathbb{R}^2$ 为仿射平面 (plan affine), 其中的元素称为点 (pionts). 对于平面上的点 M, 存在唯一的 $x\in\mathbb{R}$ 和唯一的 $y\in\mathbb{R}$ 使得 $M=(x,y)$. 此处 x 与 y 分别称为 M 的典范横坐标 (l'abscisse canonique de M) 和典范纵坐标 (l'ordonnée canonique de M), 两个坐标都为 0 的点称为原点, 记为 O.

定义 3.1.2　称 $\overrightarrow{\mathcal{P}}=\mathbb{R}^2$ 为向量平面 (plan vectoriel), 其中的元素称为向量 (vecteurs). 对于平面上的所有向量 $\vec{u}$, 存在唯一的 $u_1\in\mathbb{R}$ 和唯一的 $u_2\in\mathbb{R}$ 使得 $\vec{u}=(u_1,u_2)$. 此处 u_1 与 u_2 分别称为 $\vec{u}$ 的第一与第二个坐标 (première et seconde coordonnée de $\vec{u}$), 为了与 $\mathcal{P}$ 中的点好区分, 记 $\vec{u}=\begin{pmatrix}u_1\\u_2\end{pmatrix}$. 两个坐标都为 0 的向量称为零向量 (vecteur nul), 记为 $\vec{0}$.

向量平面与仿射平面是两个以同样的方式定义却有不同的名字的对象.

事实上, 已经在前面的课程使用了这些概念, 而且向量和点都是由一个实数对定义的. 点是用于在平面中定位, 而向量用于位移. 对于它们任意一个来说, 实数对对于它们的定义都是必要的, 它们是不同的类型.

所以需要想象 $\mathbb{R}^2$ 的两个不同情况, 一个代表平面本身, 另一个是平面上的向量. 初等平面几何是关于 $\mathcal{P}$ 与 $\overrightarrow{\mathcal{P}}$ 的相互作用的事情.

定义 3.1.3　把 $\mathcal{P}$ 中的两个点 $M=(x,y), M'=(x',y')$ 对应于向量 $\overrightarrow{MM'}=\begin{pmatrix}x'-x\\y'-y\end{pmatrix}$.

§ 3.1.2　点与向量的运算

如果要定义向量的运算, 并通过转化为仿射平面上的运算来解释. 那么需要采用 $\mathbb{R}$ 上的标准运算, 即加法和乘法.

定义 3.1.4　设 $\vec{u}=\begin{pmatrix} u_1 \\ u_2 \end{pmatrix}$ 与 $\vec{v}=\begin{pmatrix} v_1 \\ v_2 \end{pmatrix}$ 是平面上两个向量, 它们的和 (somme) 定义为

$$\vec{u}+\vec{v}=\begin{pmatrix} u_1+v_1 \\ u_2+v_2 \end{pmatrix}$$

设 $\lambda \in \mathbb{R}, \vec{u}$ 与 λ 的积 (produit) 定义为

$$\lambda\vec{u}=\begin{pmatrix} \lambda u_1 \\ \lambda u_2 \end{pmatrix}$$

这两个新运算的基本性质是显然的.

命题 3.1.1　(1) 稳定性: $\forall \vec{u}, \vec{v} \in \overrightarrow{\mathcal{P}}, \forall \lambda, \mu \in \mathbb{R}, \lambda\vec{u}+\mu\vec{v} \in \overrightarrow{\mathcal{P}}$.

(2) 交换律: $\forall \vec{u}, \vec{v} \in \overrightarrow{\mathcal{P}}, \vec{u}+\vec{v}=\vec{v}+\vec{u}$.

$$\forall \vec{u} \in \overrightarrow{\mathcal{P}}, \forall \lambda, \mu \in \mathbb{R}, \lambda(\mu\vec{u})=\mu(\lambda\vec{u})=(\lambda\mu)\vec{u}.$$

(3) 分配律: $\forall \vec{u}, \vec{v} \in \overrightarrow{\mathcal{P}}, \forall \lambda \in \mathbb{R}, \lambda(\vec{u}+\vec{v})=\lambda\vec{u}+\lambda\vec{v}$.

$$\forall \vec{u} \in \overrightarrow{\mathcal{P}}, \forall \lambda, \mu \in \mathbb{R}, (\lambda+\mu)\vec{u}=\lambda\vec{u}+\mu\vec{u}.$$

(4) 特殊运算: $\forall \lambda \in \mathbb{R}, \lambda\vec{0}=\vec{0}$.

证明: 只须用坐标来验证每一条的真实性.

命题 3.1.2 (Chasles 关系)　设 M, N, P 是平面 $\mathcal{P}$ 中的三个点, 则 $\overrightarrow{MN}+\overrightarrow{NP}=\overrightarrow{MP}$.

证明: 给出 M, N, P 的坐标: $M=(x_M, y_M), N=(x_N, y_N), P=(x_P, y_P)$. 根据**定义 3.1.3**, 有

$$\overrightarrow{MN}=\begin{pmatrix} x_N-x_M \\ y_N-y_M \end{pmatrix}, \overrightarrow{NP}=\begin{pmatrix} x_P-x_N \\ y_P-y_N \end{pmatrix}$$

可以利用**定义 3.1.4** 来求这两个向量的和:

$$\overrightarrow{MN}+\overrightarrow{NP}=\begin{pmatrix} (x_N-x_M)+(x_P-x_N) \\ (y_N-y_M)+(y_P-y_N) \end{pmatrix}=\begin{pmatrix} x_P-x_M \\ y_P-y_M \end{pmatrix}=\overrightarrow{MP}$$

定义 3.1.5 设 $M=(x,y)\in\mathcal{P},\vec{u}=\begin{pmatrix}u_1\\u_2\end{pmatrix}\in\overrightarrow{\mathcal{P}}$. 它们的和 $M+\vec{u}$ 为由

$$M+\vec{u}=(x+u_1,y+u_2)$$

定义的点, 这个点称为 M 沿向量 $\vec{u}$ 的平移 (translaté de M par $\vec{u}$).

根据**定义 3.1.5**有以下简单性质:

命题 3.1.3 *设 M,N 是平面上两个点. 存在唯一的向量 $\vec{u}$ 满足 $M+\vec{u}=N$, 即 $\vec{u}=\overrightarrow{MN}$. 因此, $M+\overrightarrow{MN}=N$.*

证明: 给出 M,N 的坐标: $M=(x_M,y_M),N=(x_N,y_N)$. 设 $\vec{u}=\begin{pmatrix}u_1\\u_2\end{pmatrix}\in\overrightarrow{\mathcal{P}}$ 满足 $M+\vec{u}=N$. 根据**定义 3.1.5**, 知 $M+\vec{u}=(x_M+u_1,y_M+u_2)=(x_N,y_N)=N$. 因为两个点相等当且仅当它们有相同的坐标, 所以有

$$x_M+u_1=x_N,y_M+u_2=y_N$$

故

$$\vec{u}=\begin{pmatrix}x_N-x_M\\y_N-y_M\end{pmatrix}=\overrightarrow{MN}$$

反过来, 由**定义 3.1.5** 容易证明 $M+\overrightarrow{MN}=N$.

§3.1.3 共线、基底

定义 3.1.6 设 $\vec{u},\vec{v}$ 是平面上的向量. 如果存在 $\lambda\in\mathbb{R}$ 使得 $\vec{v}=\lambda\vec{u}$ 或 $\vec{u}=\lambda\vec{v}$, 那么就说 $\vec{u}$ 与 $\vec{v}$ 共线, 两个不共线的向量构成了 $\overrightarrow{\mathcal{P}}$ 的一组基底 (base). 若 $\mathscr{B}$ 是 $\overrightarrow{\mathcal{P}}$ 的一组基底, Ω 是 $\mathcal{P}$ 中的一点, 则称 $\mathscr{R}=(\Omega,\mathscr{B})$ 是平面的一组标架 (repère).

需要指出, 在定义 3.1.6 的意义下, 所有向量 $\vec{u}$ 都与 $\vec{0}$ 共线. 事实上, 有 $\vec{0}=0\times\vec{u}$, 可推出: 若两个向量构成一组基底, 则每个都不为 $\vec{0}$, 若其中一个为 $\vec{0}$, 则它们共线.

如果知道 $\vec{u},\vec{v}$ 不为零且共线, 则存在 $\lambda\in\mathbb{R}$ 使得 $\lambda\vec{u}=\vec{v}$. 于是一定有 $\lambda\neq 0$. 因而, 可以分别写成 $\lambda\vec{u}=\vec{v}$ 或 $\vec{u}=\dfrac{1}{\lambda}\vec{v}$. 因此, 两个非零向量共线当且仅当其中任意一个与另一个成比例.

这个命题在没有非零这个假设时不再成立. 事实上, 一个非零向量永远不会与 $\vec{0}$ 成比例, 因为由**命题 3.1.1** 知 $\lambda\vec{0}=\vec{0}$.

下面从基底定义来看, 共线性是合乎逻辑的. 下面的命题在典范基这个特殊情形下描述了一组基底的基本性质.

命题 3.1.4　向量 $\vec{i}=\begin{pmatrix}1\\0\end{pmatrix},\vec{j}=\begin{pmatrix}0\\1\end{pmatrix}$ 构成一组基, 称为 $\overrightarrow{\mathcal{P}}$ 的典范基 (base canonique), 记为 $\mathscr{B}_c$. 因此, $(O,\mathscr{B}_c)$ 是平面的一个标架, 称为典范标架 (repère canonique).

记

$$\forall \vec{u}=\begin{pmatrix}u_1\\u_2\end{pmatrix}\in\overrightarrow{\mathcal{P}},\vec{u}=u_1\vec{i}+u_2\vec{j}$$

$$\forall M=(x,y)\in\mathcal{P},M=O+x\vec{i}+y\vec{j}$$

§3.1.4　距离与范数

定义 3.1.7　设 $\vec{u}=\begin{pmatrix}u_1\\u_2\end{pmatrix}$ 是平面中的一个向量, 非负实数 $\sqrt{u_1^2+u_2^2}$ 称为 $\vec{u}$ 的范数 (norme) 并记为 $\|\vec{u}\|$.

若 M 与 N 是平面上两点, 称非负实数 $d(M,N)=\|\overrightarrow{MN}\|$ 为 M 到 N 的距离 (distance). 如果一个向量的范数为 1, 则称其为单位的 (unitaire).

§3.2　复数在几何中的应用

§3.2.1　有向角

现在要将复数与平面向量等同, 可以准确地定义两个向量之间的有向角的概念. 来回忆: 对于所有非零复数 z, 存在唯一的 $r>0$, 关于模 2π 确定的 $\theta\in\mathbb{R}$ 使得 $z=r(\cos\theta+\mathrm{i}\sin\theta)=r\mathrm{e}^{\mathrm{i}\theta}$. 数 θ 称为复数 z 的辐角 (argument).

定义 3.2.1　设 $\vec{u},\vec{v}$ 是平面上两个非零向量. $\vec{u}$ 与 $\vec{v}$ 之间的有向角 (angles orientés) 是复数 $\overline{z(\vec{u})}z(\vec{v})$ 的辐角, 记 $(\vec{u},\vec{v})=\arg(\overline{z(\vec{u})}z(\vec{v}))$.

例 3.2.1　求角 $(\vec{i},\vec{j})$.

已知

$$z(\vec{i})=1,z(\vec{j})=\mathrm{i}$$

由定义知

$$(\vec{i},\vec{j})=\arg(\overline{1}\times\mathrm{i})=\arg\mathrm{i}=\frac{\pi}{2}[2\pi].$$

令 $\vec{u}=\vec{i}+\vec{j}$ 并求角 $(3\vec{j},\vec{u})$.

根据**命题 2.6.1**, 有

$$z(3\vec{j})=3z(\vec{j})=3\mathrm{i},z(\vec{u})=z(\vec{i})+z(\vec{j})=1+\mathrm{i}$$

故

$$(3\vec{j},\vec{u}) = \arg(\overline{3\mathrm{i}} \times (1+\mathrm{i})) = \arg(-3\mathrm{i}(1+\mathrm{i})) = \arg(3(1-\mathrm{i}))$$

而

$$3(1-i) = 3\sqrt{2}\left(\frac{\sqrt{2}}{2} - \frac{\mathrm{i}\sqrt{2}}{2}\right)$$

故

$$(3\vec{j},\vec{u}) = -\frac{\pi}{4}[2\pi]$$

当然, 总是回到定义利用复数来求角是很枯燥乏味的. 这就是为什么要有下面的命题, 从而可以不用再考虑定义而直接求角.

命题 3.2.1 (1) $\forall \vec{u},\vec{v} \in \overrightarrow{\mathcal{P}}\backslash\{\vec{0}\}, \forall \lambda,\mu > 0, (\lambda\vec{u},\mu\vec{v}) = (\vec{u},\vec{v})[2\pi]$.

(2) $\forall \vec{u},\vec{v} \in \overrightarrow{\mathcal{P}}\backslash\{\vec{0}\}, (\vec{u},\vec{v}) = -(\vec{v},\vec{u})[2\pi]$.

(3) $\forall \vec{u},\vec{v} \in \overrightarrow{\mathcal{P}}\backslash\{\vec{0}\}, (\vec{u},-\vec{v}) = (-\vec{u},\vec{v}) = \pi + (\vec{u},\vec{v})[2\pi]$.

(4) $\forall \vec{u},\vec{v},\vec{w} \in \overrightarrow{\mathcal{P}}\backslash\{\vec{0}\}, (\vec{u},\vec{v}) + (\vec{v},\vec{w}) = (\vec{u},\vec{w})[2\pi]$.

(5) $\forall \vec{u},\vec{v} \in \overrightarrow{\mathcal{P}}\backslash\{\vec{0}\}, \|\vec{u}\|\|\vec{v}\|\cos(\vec{u},\vec{v}) = \mathrm{Re}(\overline{z(\vec{u})}z(\vec{v})),\ \|\vec{u}\|\|\vec{v}\|\sin(\vec{u},\vec{v}) = \mathrm{Im}(\overline{z(\vec{u})}z(\vec{v}))$.

证明: 下面的 $\vec{u},\vec{v},\vec{w}$ 都是平面中的非零向量. 与其记它们的附标为 $z(\vec{u}),z(\vec{v}),z(\vec{w})$, 倒不如记为 u,v,w.

(1) 设 λ,μ 是两个正实数. 根据**命题 2.6.1** 知, $\lambda\vec{u}$ 与 $\mu\vec{v}$ 的附标分别为 $\lambda u,\mu v$. 因而, 根据**定义 3.2.1**, 有

$$(\lambda\vec{u},\mu\vec{v}) = \arg(\overline{\lambda u} \times \mu v) \overset{\lambda\in\mathbb{R}}{=} \arg(\lambda\mu\bar{u}v) \overset{\lambda,\mu>0}{=} \arg(\bar{u}v) = (\vec{u},\vec{v})[2\pi].$$

(2) 根据**定义 3.2.1** 已知的辐角性质及复共轭的性质, 有

$$(\vec{u},\vec{v}) = \arg(\bar{u}v) = -\arg(\overline{\bar{u}v}) = -\arg(\bar{v}u) = -(\vec{v},\vec{u})[2\pi]$$

(3) 利用**命题 2.6.1**、**定义 3.2.1** 及已知的辐角的性质, 有

$$(\vec{u},-\vec{v}) = \arg(-\bar{u}v) = \pi + \arg(\bar{u}v) = \pi + (\vec{u},\vec{v})[2\pi]$$

用同样的方法可求 $(-\vec{u},\vec{v})$.

(4) 性质 (4) 称为角的 Chasles 关系, 有

$$(\vec{u},\vec{v}) + (\vec{v},\vec{w}) = \arg(\bar{u}v) + \arg(\bar{v}w) = \arg(|v|^2\bar{u}w) = \arg(\bar{u}w) = (\vec{u},\vec{w})[2\pi]$$

(5) 根据模的定义及辐角的定义, 有

$$\bar{u}v = |\bar{u}v|[\cos(\arg(\bar{u}v)) + \mathrm{i}\sin(\arg(\bar{u}v))] = |u||v|[\cos(\vec{u},\vec{v}) + \mathrm{i}\sin(\vec{u},\vec{v})]$$

而根据**命题 2.6.1**, 有 $|u| = \|\vec{u}\|, |v| = \|\vec{v}\|$, 故

$$\mathrm{Re}(\bar{u}v) = \|\vec{u}\|\|\vec{v}\|\cos(\vec{u}, \vec{v})$$

$$\mathrm{Im}(\bar{u}v) = \|\vec{u}\|\|\vec{v}\|\sin(\vec{u}, \vec{v})$$

§3.2.2 内 积

定义 3.2.2 若 $\vec{u}$ 与 $\vec{v}$ 是非零向量, 定义其内积 (le produit scalaire): $\vec{u} \cdot \vec{v} = \|\vec{u}\|\|\vec{v}\| \cos(\vec{u}, \vec{v})$; 若 $\vec{u}$ 或 $\vec{v}$ 为零, 则令 $\vec{u} \cdot \vec{v} = 0$.

定义 3.2.3 如果两个向量的内积为 0, 那么则称它们是正交的 (orthogonaux).

因此得到: 若 $\vec{u}$ 与 $\vec{v}$ 正交, 则要么其中一个是零向量, 要么两个都不为零且角 $(\vec{u}, \vec{v}) = \pm\frac{\pi}{2}[2\pi]$.

命题 3.2.2 内积是由 $\overrightarrow{\mathcal{P}}^2$ 到 $\mathbb{R}$ 的一个函数, 且满足

(1) $\forall \vec{u}, \vec{v}, \vec{w} \in \overrightarrow{\mathcal{P}}, \forall \lambda, \mu \in \mathbb{R}, \vec{u} \cdot (\lambda\vec{v} + \mu\vec{w}) = \lambda\vec{u} \cdot \vec{v} + \mu\vec{u} \cdot \vec{w}$. 称内积关于它的两个变量是线性的 (linéaire).

(2) $\forall \vec{u}, \vec{v} \in \overrightarrow{\mathcal{P}}, \vec{u} \cdot \vec{v} = \vec{v} \cdot \vec{u}$. 称内积是对称的 (symétrique).

(3) $\forall \vec{u} \in \overrightarrow{\mathcal{P}}, \vec{u} \cdot \vec{u} \geqslant 0$. 称内积是非负的 (positif).

(4) $\forall \vec{u} \in \overrightarrow{\mathcal{P}}, (\vec{u} \cdot \vec{u} = 0 \Leftrightarrow \vec{u} = 0)$. 就说内积是定的 (défini).

综上, 内积是一个对称正定双线性型.

证明: 所有这些性质都是**命题 3.2.1** 的简单推论. 事实上, 已知, 若 $\vec{u}$ 与 $\vec{v}$ 非零, 则

$$\mathrm{Re}(\bar{u}v) = \|\vec{u}\|\|\vec{v}\|\cos(\vec{u}, \vec{v}) = \vec{u} \cdot \vec{v}$$

如果 $\vec{u}$ 或 $\vec{v}$ 中有一个为零, 则有 $\mathrm{Re}(\bar{u}v) = 0 = \vec{u} \cdot \vec{v}$.

于是, 关系式 $\mathrm{Re}(\bar{u}v) = \vec{u} \cdot \vec{v}$ 无论 $\vec{u}$ 或 $\vec{v}$ 为 0 或不为 0 都成立.

(1) 设 $\vec{u}, \vec{v}, \vec{w}$ 是三个向量, λ, μ 是两个实数. 根据前面的讨论, 有

$$\vec{u} \cdot (\lambda\vec{v} + \mu\vec{w}) = \mathrm{Re}(\bar{u}(\lambda v + \mu w)) = \lambda\mathrm{Re}(\bar{u}v) + \mu\mathrm{Re}(\bar{u}w)$$

(2) 设 $\vec{u}, \vec{v}$ 是两个向量. 由于一个复数与其共轭有相同的实部, 故

$$\vec{u} \cdot \vec{v} = \mathrm{Re}(\bar{u}v) = \mathrm{Re}(u\bar{v}) = \vec{v} \cdot \vec{u}.$$

(3) 设 $\vec{u}$ 是平面向量. 由于一个实数等于其实部, 故

$$\vec{u} \cdot \vec{u} = \mathrm{Re}(\bar{u}u) = \mathrm{Re}(|u|^2) = |u|^2 \geqslant 0.$$

(4) 设 $\vec{u} \in \overrightarrow{\mathcal{P}}$ 满足 $\vec{u} \cdot \vec{u} = 0$. 一个复数为零当且仅当其模为零, 且已知

$$0 = \vec{u} \cdot \vec{u} = |u|^2$$

因而, $u=0$, 从而 $\vec{u}=\vec{0}$.

下面是内积用向量的坐标的函数的表达:

命题 3.2.3 $\forall \vec{u}=\begin{pmatrix} u_1 \\ u_2 \end{pmatrix} \in \overrightarrow{\mathcal{P}}, \forall \vec{v}=\begin{pmatrix} v_1 \\ v_2 \end{pmatrix} \in \overrightarrow{\mathcal{P}}, \vec{u}\cdot\vec{v}=u_1v_1+u_2v_2$.

证明: 像往常一样, 用 u, v 来表示向量 $\vec{u}, \vec{v}$ 的附标. 已知

$$\vec{u}\cdot\vec{v}=\mathrm{Re}(\bar{u}v)$$

而

$$\bar{u}v=(u_1-\mathrm{i}u_2)(v_1+\mathrm{i}v_2)=u_1v_1+u_2v_2+\mathrm{i}(u_1v_2-u_2v_1)$$

故

$$\vec{u}\cdot\vec{v}=u_1v_1+u_2v_2$$

§3.2.3 行列式

行列式是要介绍的几何上的最后一个基本工具, 也是刻画两个向量共线性的基础工具.

定义 3.2.4 若 $\vec{u}$ 与 $\vec{v}$ 是两个非零向量, 定义它们的行列式 (Le déterminant)$\det(\vec{u},\vec{v})=\|\vec{u}\|\|\vec{v}\|\sin(\vec{u},\vec{v})$. 若 $\vec{u}$ 或 $\vec{v}$ 是零, 定义 $\det(\vec{u},\vec{v})=0$.

命题 3.2.4 *行列式是 $\overrightarrow{\mathcal{P}}^2$ 到 $\mathbb{R}$ 的一个函数, 且满足*

(1) $\forall \vec{u},\vec{v},\vec{w}\in\overrightarrow{\mathcal{P}}, \forall\lambda,\mu\in\mathbb{R}, \det(\vec{u},\lambda\vec{v}+\mu\vec{w})=\lambda\det(\vec{u},\vec{v})+\mu\det(\vec{u},\vec{w})$. *称行列式关于它的两个变量是线性的.*

(2) $\forall \vec{u},\vec{v}\in\overrightarrow{\mathcal{P}}, \det(\vec{u},\vec{v})=-\det(\vec{v},\vec{u})$. *称行列式是反对称的.*

(3) $\forall \vec{u}\in\overrightarrow{\mathcal{P}}, \det(\vec{u},\vec{u})=0$. *称行列式是交错的.*

(4) $\forall \vec{u},\vec{v}\in\overrightarrow{\mathcal{P}}, \det(\vec{u},\vec{v})=0 \Leftrightarrow \vec{u}$*与*$\vec{v}$*是共线的.*

综上, 行列式是一个交错的反对称双线性型, 它准确地刻画了向量的共线.

证明: 类似于内积性质的证明, 仍然利用复数的已知性质来证明本命题中行列式的这些性质. 因此, 根据**命题 3.2.1** 可知, 若 $\vec{u}$ 与 $\vec{v}$ 不为零, 则 $\mathrm{Im}(\bar{u}v)=\|\vec{u}\|\|\vec{v}\|\sin(\vec{u},\vec{v})=\det(\vec{u},\vec{v})$. 若 $\vec{u}$ 与 $\vec{v}$ 中有一个为零, 则有 $\mathrm{Im}(\bar{u}v)=0=\det(\vec{u},\vec{v})$. 于是关系 $\mathrm{Im}(\bar{u}v)=\det(\vec{u},\vec{v})$ 在 $\vec{u}$ 或 $\vec{v}$ 为零或不为零时都成立. 下面来严格地证明:

(1) 与**命题 3.2.2** 的证明完全一样.

(2) 与**命题 3.2.2** 的证明一样, 这次利用一个复数与其共轭的虚部互为相反数.

(3) 根据性质 (2) (反对称性), 有 $\det(\vec{u},\vec{u})=-\det(\vec{u},\vec{u})$. 故 $\det(\vec{u},\vec{u})=0$.

(4) 假设 $\vec{u}$ 与 $\vec{v}$ 是共线的. 若其中一个为零, 它们的行列式显然为零. 如果两个都不为零, 由 1.3 小节知识可知, 存在非零的 λ 使得 $\vec{v}=\lambda\vec{u}$. 因而, 根据性质 (1) (线性性) 与性质 (3) (交错性), 有

$$\det(\vec{u},\vec{v})=\det(\vec{u},\lambda\vec{u})=\lambda\det(\vec{u},\vec{u})=0$$

反过来, 假设 $\vec{u}$ 与 $\vec{v}$ 的行列式为 0. 若 $\vec{u}$ 为零, 则 $\vec{u}$ 与 $\vec{v}$ 共线. 若 $\vec{u}$ 不为零, 则得出

$$\mathrm{Im}(\bar{u}v) = \det(\vec{u}, \vec{v}) = 0$$

故, 复数 $\bar{u}v$ 事实上是实数, 即存在一个实数 λ 使得 $\bar{u}v = \lambda$. 也可以分子、分母都乘以 u 后写成: $v = \dfrac{\lambda}{\bar{u}} = \dfrac{\lambda}{|u|^2}u$.

根据**命题 2.6.1** 有

$$\vec{v} = \frac{\lambda\vec{u}}{\|\vec{u}\|^2}$$

故 $\vec{u}$ 与 $\vec{v}$ 共线.

注 3.2.1　事实上, 会发现平面上一个双线性型是反对称的当且仅当它是交错的. 因此 "反对称交错" 的提法太冗长了, 但是现在还不知道这个事实.

与内积一样, 两个向量的行列式可以表达为这些向量的坐标的函数.

命题 3.2.5　$\forall \vec{u} = \begin{pmatrix} u_1 \\ u_2 \end{pmatrix} \in \overrightarrow{\mathcal{P}}, \forall \vec{v} = \begin{pmatrix} v_1 \\ v_2 \end{pmatrix} \in \overrightarrow{\mathcal{P}}, \det(\vec{u}, \vec{v}) = u_1v_2 - v_1u_2.$

证明: 已知

$$\det(\vec{u}, \vec{v}) = \mathrm{Im}(\bar{u}v)$$

根据**命题 3.2.3** 的证明中同样的计算, 有

$$\bar{u}v = u_1u_2 + v_1v_2 + \mathrm{i}(u_1v_2 - u_2v_1)$$

因而

$$\det(\vec{u}, \vec{v}) = u_1v_2 - u_2v_1$$

注 3.2.2　以后会经常用 $\det(\vec{u}, \vec{v}) = \begin{vmatrix} u_1 & v_1 \\ u_2 & v_2 \end{vmatrix}$ 这个记号.

§ 3.3　平面中的定位方法

本节介绍两个重要的平面中的定位方法 (modes de repérage dans le plan): 笛卡儿坐标 (coordoneés cartésiennes) 和极坐标 (coordonnées polaires).

§ 3.3.1　笛卡儿坐标

1. 概　述

下面介绍基底的基本性质.

定理 3.3.1 设 $\vec{u},\vec{v}$ 是平面中构成一组基底的两个向量, 则

$$\forall\vec{w}\in\overrightarrow{\mathcal{P}},\exists!(\lambda_1,\lambda_2)\in\mathbb{R}^2,\vec{w}=\lambda_1\vec{u}+\lambda_2\vec{v}$$

实数 λ_1,λ_2 称为 $\vec{w}$ 在由 $\vec{u},\vec{v}$ 组成的基底 $\mathscr{B}$ 下的笛卡儿坐标, 记 $\vec{w}=\begin{pmatrix}\lambda_1\\\lambda_2\end{pmatrix}_{\mathscr{B}}$. 若 $\vec{w}=\begin{pmatrix}w_1\\w_2\end{pmatrix}$, 则表示 $\vec{w}$ 在 $\mathscr{B}_c$ 下的坐标是 w_1 与 w_2; 换言之, $\vec{w}=\begin{pmatrix}w_1\\w_2\end{pmatrix}_{\mathscr{B}_c}=w_1\vec{i}+w_2\vec{j}$.

证明: 假设 $\vec{u}=\begin{pmatrix}u_1\\u_2\end{pmatrix},\vec{v}=\begin{pmatrix}v_1\\v_2\end{pmatrix}$ 是平面中构成一组基底 $\mathscr{B}$ 的两个向量. 根据**定义 3.1.6** 知, 它们不共线; 根据**命题 3.2.4** 知, 它们的行列式不为零.

现在考虑 $\vec{w}$ 并假设已经找到 λ_1 与 λ_2 使得 $\vec{w}=\lambda_1\vec{u}+\lambda_2\vec{v}$, 则

$$\det(\vec{u},\vec{w})=\det(\vec{u},\lambda_1\vec{u}+\lambda_2\vec{v})=\lambda_1\underbrace{\det(\vec{u},\vec{u})}_{=0}+\lambda_2\det(\vec{u},\vec{v})=\lambda_2\det(\vec{u},\vec{v})$$

同样地, $\det(\vec{w},\vec{v})=\lambda_1\det(\vec{u},\vec{v})$

因此如果 λ_1 与 λ_2 存在的话, 只能是

$$\lambda_1=\frac{\det(\vec{w},\vec{v})}{\det(\vec{u},\vec{v})},\quad \lambda_2=\frac{\det(\vec{u},\vec{w})}{\det(\vec{u},\vec{v})}$$

反过来, 可验证 λ_1,λ_2 的选取是恰当的, 即 $\vec{w}=\lambda_1\vec{u}+\lambda_2\vec{v}$.

定理 3.3.1 中的基底为典范基时就恰好是**命题 3.1.4** 的表述.

注 3.3.1 基本定理 3.3.1 说明所有向量可唯一地分解成一组基底的两个向量的线性组合, 以后将把它推广到高维. 值得注意的是, 根据所考虑的问题的几何性质, 可能更希望在一组基底而不是另一组基底下表示出那些向量, 以使坐标的计算更简单.

例 3.3.1 假设有平面中的 3 个点 $A=(x_A,y_A),B=(x_B,y_B),C=(x_C,y_C)$ 满足 $\overrightarrow{AB}$ 与 $\overrightarrow{AC}$ 不共线. 于是 $\mathscr{B}=(\overrightarrow{AB},\overrightarrow{AC})$, 且有

$$\overrightarrow{AB}=\begin{pmatrix}1\\0\end{pmatrix}_{\mathscr{B}},\quad \overrightarrow{AC}=\begin{pmatrix}0\\1\end{pmatrix}_{\mathscr{B}}$$

这部分解的技巧在于更换基底. 做线性组合, 只要利用在一组固定基底下的坐标, 就可以将向量的坐标逐个线性组合起来. 更准确地,

定理 3.3.2 设 $\mathscr{B}$ 是 $\overrightarrow{\mathcal{P}}$ 的一组基底, $\vec{w},\vec{x}$ 是平面中两个向量, 并满足

$$\vec{w}=\begin{pmatrix}w_1\\w_2\end{pmatrix}_{\mathscr{B}},\quad \vec{x}=\begin{pmatrix}x_1\\x_2\end{pmatrix}_{\mathscr{B}}$$

则

$$\forall\lambda,\mu\in\mathbb{R},\lambda\vec{w}+\mu\vec{x}=\begin{pmatrix}\lambda w_1+\mu x_1\\ \lambda w_2+\mu x_2\end{pmatrix}_{\mathscr{B}}$$

证明: 设 $\vec{u},\vec{v}$ 为组成一组基底 $\mathscr{B}$ 的两个不共线的向量, 根据假设, 有

$$\vec{w}=w_1\vec{u}+w_2\vec{v},\quad \vec{x}=x_1\vec{u}+x_2\vec{v}$$

故

$$\lambda\vec{w}+\mu\vec{x}=(\lambda w_1+\mu x_1)\vec{u}+(\lambda w_2+\mu x_2)\vec{v}$$

根据基底 $\mathscr{B}$ 下是坐标的定义, 有

$$\lambda\vec{w}+\mu\vec{x}=\begin{pmatrix}\lambda w_1+\mu x_1\\ \lambda w_2+\mu x_2\end{pmatrix}_{\mathscr{B}}$$

注意到**定理 3.3.2** 并没有说何时可利用两个向量在一组基底 $\mathscr{B}$ 下的坐标来求内积或行列式. 但是根据推导, 有

$$\vec{w}=\begin{pmatrix}w_1\\ w_2\end{pmatrix}_{\mathscr{B}_c}=\begin{pmatrix}w_1'\\ w_2'\end{pmatrix}_{\mathscr{B}},\quad \vec{x}=\begin{pmatrix}x_1\\ x_2\end{pmatrix}_{\mathscr{B}_c}=\begin{pmatrix}x_1'\\ x_2'\end{pmatrix}_{\mathscr{B}}$$

于是根据**命题 3.2.5** 与**命题 3.2.3** 有

$$\det(\vec{w},\vec{x})=w_1x_2-w_2x_1,\quad \vec{w}\cdot\vec{x}=w_1x_1+w_2x_2$$

但是, 一般没有

$$\det(\vec{w},\vec{x})=w_1'x_2'-w_2'x_1'\quad\text{或}\quad\vec{w}\cdot\vec{x}=w_1'x_1'+w_2'x_2'$$

下面通过一个例子来证明这个事实.

如果取 $\vec{w}=\begin{pmatrix}1\\ 1\end{pmatrix},\vec{x}=\begin{pmatrix}1\\ 3\end{pmatrix}$. 这两个向量不共线并构成一组基底, 记为 $\mathscr{B}$. 已知

$$\vec{w}=\begin{pmatrix}1\\ 1\end{pmatrix}=\begin{pmatrix}1\\ 0\end{pmatrix}_{\mathscr{B}},\quad \vec{x}=\begin{pmatrix}1\\ 3\end{pmatrix}=\begin{pmatrix}0\\ 1\end{pmatrix}_{\mathscr{B}}$$

于是

$$\det(\vec{w},\vec{x})=1\times3-1\times1=2$$

$$\vec{w}\cdot\vec{x}=1\times1+1\times3=4$$

然而, $w_1'x_2'-w_2'x_1'=1, w_1'x_1'+w_2'x_2'=0$.

对于平面中的点及标架的更换也有与**定理 3.3.2** 相当的结论.

定理 3.3.3 设 $\vec{u}$ 与 $\vec{v}$ 是平面中构成一组基底 $\mathscr{B}$ 的向量, Ω 是平面中一点, 使得 $\mathcal{R}=(\Omega,\mathscr{B})$ 是平面的一个标架, 则

$$\forall M\in\mathcal{P},\exists!(x',y')\in\mathbb{R}^2,M=\Omega+x'\vec{u}+y'\vec{v}$$

这两个实数 x',y' 称为 M 在标架 $\mathcal{R}$ 下的笛卡儿坐标. 于是记 $M=(x',y')_{\mathcal{R}}$. 若 $M=(x,y)$, 则表示 M 在典范标架下的坐标就是 x 与 y.

证明: 根据**定理 3.3.1** 知, 若 $M\in\mathcal{P}$, 则存在唯一的实数对 (x',y') 使得

$$\overrightarrow{\Omega M}=x'\vec{u}+y'\vec{v} \tag{3.1}$$

根据**命题 3.1.3** 知, 等式 (3.1) 等价于

$$M=\Omega+x'\vec{u}+y'\vec{v}$$

$M=(x,y)_{\mathcal{R}_c}$ 这一事实是关系 $M=O+x\vec{i}+y\vec{j}$ 的直接推论.

同样地, 当向量的坐标是在同一组基底下的表示时, 向量的加法便是逐个坐标的加法, 只要在同一标架下表示出所有坐标, 就可以做点与向量的坐标和.

定理 3.3.4 设 $\mathcal{R}=(\Omega,\mathscr{B})$ 是平面的一个标架, $M\in\mathcal{P},\vec{w}\in\overrightarrow{\mathcal{P}}$ 满足

$$M=(x,y)_{\mathcal{R}},\vec{w}=\begin{pmatrix}w_1\\w_2\end{pmatrix}_{\mathscr{B}}$$

则 $M+\vec{w}=(x+w_1,y+w_2)_{\mathcal{R}}$.

证明: 记 $\vec{u}$ 与 $\vec{v}$ 是组成一组基底 $\mathscr{B}$ 的两个向量. 根据**定理 3.3.1** 与**定理 3.3.3** 中的定义, 有

$$M=\Omega+x\vec{u}+y\vec{v},\vec{w}=w_1\vec{u}+w_2\vec{v}$$

因此有

$$M+\vec{w}=\Omega+(x+w_1)\vec{u}+(y+w_2)\vec{v}$$

故

$$M+\vec{w}=(x+w_1,y+w_2)_{\mathscr{R}}$$

2. 标准正交基 (Bases orthonormales)

定义 3.3.1 设 $\mathscr{B}=(\vec{u},\vec{v})$ 是向量平面的一组基底. 如果 $\vec{u},\vec{v}$ 是单位向量, 且正交, 那么称 $\mathscr{B}$ 是一组标准正交基. 如果 $\det(\vec{u},\vec{v})>0$, 那么称 $\mathscr{B}$ 是正向的 (directe), 也称 $\vec{v}$ 是正向正交于 (directement orthogonal à)$\vec{u}$ 的.

命题 3.3.1 两个非零的正交向量构成一组基底.

证明: 设 $\vec{u}$ 与 $\vec{v}$ 是两个非零的共线向量, 则存在非零实数 λ 使得 $\vec{v}=\lambda\vec{u}$. 因此 $\vec{u}\cdot\vec{v}=\lambda\vec{u}\cdot\vec{u}=\lambda\|\vec{u}\|^2\neq 0$. 故 $\vec{u}$ 与 $\vec{v}$ 不可能正交. 由逆否命题与原命题等价知, 如果它们是正交的, 则它们不可能共线, 从而构成一组基底.

命题 3.3.2　*设 $\vec{u}$ 是一个单位向量, 则存在关于模 2π 唯一确定的 α, 使得 $\vec{u}=\cos\alpha\vec{i}+\sin\alpha\vec{j}$. 并且, 只存在两个与 $\vec{u}$ 正交的单位向量, 它们分别是 $\vec{v}=-\sin\alpha\vec{i}+\cos\alpha\vec{j}$ 和 $\vec{w}=\sin\alpha\vec{i}-\cos\alpha\vec{j}$.*

此时, 标准正交基 $(\vec{u},\vec{v})$ 与 $(\vec{u},\vec{w})$ 分别是正向的和反向的, 它们的行列式分别为 1 与 -1.

证明: 设 $\vec{u}=u_1\vec{i}+u_2\vec{j}$ 是单位向量, 则 $|u|=\|\vec{u}\|=1$. 故存在唯一的 $\alpha[2\pi]$ 使得

$$u=\mathrm{e}^{\mathrm{i}\alpha}=\cos\alpha+\mathrm{i}\sin\alpha.$$

而

$$u=u_1+\mathrm{i}u_2$$

因此

$$u_1=\cos\alpha \text{ 且 } u_2=\sin\alpha$$

故

$$\vec{u}=\cos\alpha\vec{i}+\sin\alpha\vec{j}$$

设 $\vec{x}=x_1\vec{i}+x_2\vec{j}$ 是与 $\vec{u}$ 正交的单位向量. 根据前面的讨论知, 存在一个实数 β 关于模 2π 唯一确定, 使得

$$\vec{x}=\cos\beta\vec{i}+\sin\beta\vec{j}$$

根据**命题 3.2.3** 给出的内积以典范笛卡儿坐标的函数的表达形式, 即

$$0=\vec{x}\cdot\vec{u}=\cos\alpha\cos\beta+\sin\beta\sin\alpha=\cos(\beta-\alpha)$$

再推出

$$\beta-\alpha=\frac{\pi}{2}[2\pi] \quad \text{或} \quad \beta-\alpha=-\frac{\pi}{2}[2\pi]$$

即

$$\beta=\frac{\pi}{2}+\alpha[2\pi] \quad \text{或} \quad \beta=\alpha-\frac{\pi}{2}[2\pi]$$

故

$$\vec{x}=-\sin\alpha\vec{i}+\cos\alpha\vec{j} \quad \text{或} \quad \vec{x}=\sin\alpha\vec{i}-\cos\alpha\vec{j}$$

容易证明这两个向量是单位的且与 $\vec{u}$ 正交, 分别把它们叫作 $\vec{v}$ 与 $\vec{w}$. 那么有

$$\det(\vec{u},\vec{v})=\cos^2\alpha+\sin^2\alpha=1>0, \det(\vec{u},\vec{w})=-\cos^2\alpha-\sin^2\alpha=-1<0$$

故 $(\vec{u},\vec{v})$ 是正向的, $(\vec{u},\vec{w})$ 是反向的.

当尝试表达一个向量在一组标准正交基下的坐标时, 是非常容易的.

定理 3.3.5 设 $\mathscr{B}=(\vec{u},\vec{v})$ 是平面上一组标准正交基, 则有

$$\forall \vec{w} \in \overrightarrow{\mathcal{P}}, \vec{w}=\begin{pmatrix} \vec{w}\cdot\vec{u} \\ \vec{w}\cdot\vec{v} \end{pmatrix}_{\mathscr{B}}$$

证明: 设 w_1 与 ω_2 是 $\vec{w}$ 在基底 $\mathscr{B}$ 下的坐标, 即

$$\vec{w}=w_1\vec{u}+w_2\vec{v}$$

故

$$\vec{w}\cdot\vec{u}=(w_1\vec{u}+w_2\vec{v})\cdot\vec{u}=w_1\vec{u}\cdot\vec{u}+w_2\vec{v}\cdot\vec{u}$$

因为 $\|\vec{u}\|=1, \vec{u}\cdot\vec{v}=0$, 所以有

$$w_1=\vec{w}\cdot\vec{u}$$

同理有

$$w_2=\vec{w}\cdot\vec{v}$$

例 3.3.2 考虑单位向量 $\vec{u}=\frac{1}{\sqrt{5}}\vec{i}+\frac{2}{\sqrt{5}}\vec{j}$.

根据**命题 3.3.2** 知, $\vec{v}=-\frac{2}{\sqrt{5}}\vec{i}+\frac{1}{\sqrt{5}}\vec{j}$ 是单位的, 且与 $\vec{u}$ 正交, 因此有一组标准正交基 $\mathscr{B}=(\vec{u},\vec{v})$. 如果希望表示出向量 $\vec{w}=\begin{pmatrix}1\\1\end{pmatrix}$ 在基底 $\mathscr{B}$ 下的坐标, 则应用**定理 3.3.5**, 有

$$\vec{w}=\begin{pmatrix} \frac{1}{\sqrt{5}}+\frac{2}{\sqrt{5}} \\ -\frac{2}{\sqrt{5}}+\frac{1}{\sqrt{5}} \end{pmatrix}_{\mathscr{B}}=\begin{pmatrix} \frac{3}{\sqrt{5}} \\ -\frac{1}{\sqrt{5}} \end{pmatrix}_{\mathscr{B}}$$

正向标准正交基的优点是: 在其下, 行列式与内积都容易求得.

命题 3.3.3 设 $\mathscr{B}$ 是平面上一组正向标准正交基, 则有

$$\forall \vec{w}=\begin{pmatrix} w_1 \\ w_2 \end{pmatrix}_{\mathscr{B}} \in \overrightarrow{\mathcal{P}}, \forall \vec{x}=\begin{pmatrix} x_1 \\ x_2 \end{pmatrix}_{\mathscr{B}} \in \overrightarrow{\mathcal{P}}, \begin{cases} \det(\vec{w},\vec{x})= & w_1x_2-w_2x_1 \\ \vec{w}\cdot\vec{x}= & w_1x_1+w_2x_2 \end{cases}$$

证明: 给组成 $\mathscr{B}$ 的向量命名: $\mathscr{B}=(\vec{u},\vec{v})$, 从而有

$$\vec{w}=w_1\vec{u}+w_2\vec{v}, \vec{x}=x_1\vec{u}+x_2\vec{v}$$

因为 $\mathscr{B}$ 是单位正交的, 所以 $\vec{u}$ 与 $\vec{v}$ 是正交的且范数为 1. 故

$$\vec{w}\cdot\vec{x}=w_1x_1\vec{u}\cdot\vec{u}+w_1x_2\vec{u}\cdot\vec{v}+w_2x_1\vec{v}\cdot\vec{u}+w_2x_2\vec{v}\cdot\vec{v}$$

$$=w_1x_1+w_2x_2.$$

下面来求 $\vec{w}$ 与 $\vec{x}$ 的行列式.

根据**命题 3.3.2**, 有 $\det(\vec{u},\vec{v})=1$, 因为 $\mathscr{B}$ 是正向标准正交基. 此外, 行列式是反对称、交错的, 故

$$\begin{aligned}\det(\vec{w},\vec{x})&=w_1x_1\underbrace{\det(\vec{u},\vec{u})}_{=0}+w_1x_2\det(\vec{u},\vec{v})+w_2x_1\det(\vec{v},\vec{u})+w_2x_2\underbrace{\det(\vec{v},\vec{v})}_{=0}\\&=(w_1x_2-w_2x_1)\det(\vec{u},\vec{v})=w_1x_2-w_2x_1\end{aligned}$$

综上, 对于正向标准正交基, 可以得到同一向量在不同基底下的转换公式. 从一个向量 $\vec{w}=w_1\vec{i}+w_2\vec{j}$ 出发并在一组标准正交基 $\mathscr{B}=(\vec{u},\vec{v})$ 下表示. 已知存在一个实数 α 使得

$$\vec{u}=\cos\alpha\vec{i}+\sin\alpha\vec{j},\quad \vec{v}=-\sin\alpha\vec{i}+\cos\alpha\vec{j}$$

由**定理 3.3.5** 可知,

$$\begin{aligned}\vec{w}&=(\vec{w}\cdot\vec{u})\vec{u}+(\vec{w}\cdot\vec{v})\vec{v}\\&=(w_1\cos\alpha+w_2\sin\alpha)\vec{u}+(-w_1\sin\alpha+w_2\cos\alpha)\vec{v}\end{aligned}\tag{3.2}$$

公式 (3.2) 构成转化成正向标准正交基的公式.

对于点的坐标转换, 下面方法可以将典范标架下的坐标转为正向标准正交标架下的坐标. 有一个点 $\Omega=(a,b)$ 满足 $(\Omega,\mathscr{B})$ 是一个正向标准正交标架. 设 $M=(x,y)$ 是平面上任意一点, 根据公式:

$$\overrightarrow{\Omega M}=(x-a)\vec{i}+(y-b)\vec{j}$$

有

$$\overrightarrow{\Omega M}=((x-a)\cos\alpha+(y-b)\sin\alpha)\vec{u}+(-(x-a)\sin\alpha+(y-b)\cos\alpha)\vec{v}$$

根据**命题 3.1.3**, 有

$$M=\Omega+\overrightarrow{\Omega M},$$

故根据**定理 3.3.3**, 有

$$M=((x-a)\cos\alpha+(y-b)\sin\alpha,-(x-a)\sin\alpha+(y-b)\cos\alpha)_{\mathcal{R}}$$

§ 3.3.2　极坐标

定义 3.3.2　若 θ 是实数, 记

$$\vec{u}_\theta=\cos\theta\vec{i}+\sin\theta\vec{j}=\begin{pmatrix}\cos\theta\\ \sin\theta\end{pmatrix},\quad \vec{v}_\theta=-\sin\theta\vec{i}+\cos\theta\vec{j}=\begin{pmatrix}-\sin\theta\\ \cos\theta\end{pmatrix}$$

下列命题是用于识别平面上的正向标准正交基的**命题 3.3.2** 的直接推论.

命题 3.3.4 若 θ 是实数, $\vec{u}_\theta, \vec{v}_\theta$ 是平面的一组正向标准正交基, Ω 是平面上一点, $(\Omega, (\vec{u}_\theta, \vec{v}_\theta))$ 构成一个正向标准正交标架, 则其称为极标架 (repère polaire), Ω 称为极点 (le pôle).

下面来看极坐标的定义.

定理 3.3.6 设 M 是平面上一点, 则存在两个实数 r 与 θ 使得 $\overrightarrow{\Omega M} = r\vec{u}_\theta$, 那么数对 (r, θ) 构成了 M 的一个极坐标对.

证明: 根据**命题 3.3.2** 知, 单位向量 $\dfrac{\overrightarrow{\Omega M}}{\|\overrightarrow{\Omega M}\|}$ 可以写为

$$\frac{\overrightarrow{\Omega M}}{\Omega M} = \cos\theta\vec{i} + \sin\theta\vec{j} = \vec{u}_\theta$$

其中, θ 是一个实数.

因而 $\overrightarrow{\Omega M} = r\vec{u}_\theta, r = \Omega M$.

须指出, 一个极坐标对不是唯一定义的. 事实上, 若 $M = (r, \theta)$, 则 $M = (r, \theta + 2k\pi), \forall k \in \mathbb{Z}$. 同样地, 根据**定义 3.3.2** 知, $\vec{u}_{\theta+\pi} = -\vec{u}_\theta$. 故 $\overrightarrow{\Omega M} = r\vec{u}_\theta = -r\vec{u}_{\theta+\pi}$, 从而 $\forall k \in \mathbb{Z}, (-r, \theta + (2k+1)\pi)$ 也是 M 的一个极坐标对. 当然, 极坐标体系非常适用于涉及绕一个点旋转的几何问题.

还需要知道如何从典范极坐标 (在以 O 为极点的标架下) 转入典范笛卡儿坐标, 反之亦然. 第一个操作比另一个更简单. 事实上, 若 M 由典范极坐标 (r, θ) 标记, 则有

$$\overrightarrow{\Omega M} = r\vec{u}_\theta = r\cos\theta\vec{i} + r\sin\theta\vec{j}$$

因而

$$M = (r\cos\theta, r\sin\theta).$$

相反地, 如果已经知道 M 的笛卡儿坐标 (x, y), 要确定一个极坐标系, 则由**定理 3.3.6** 的证明可知, 可以取

$$r = \|\overrightarrow{OM}\| = \sqrt{x^2 + y^2}$$

求 θ 使得

$$\frac{\overrightarrow{OM}}{r} = \begin{pmatrix} \cos\theta \\ \sin\theta \end{pmatrix}$$

即

$$\cos\theta = \frac{x}{\sqrt{x^2 + y^2}}, \sin\theta = \frac{y}{\sqrt{x^2 + y^2}}$$

当 M 不是 $(x, 0), x \leqslant 0$ 的形式时, 可以用反正切来表示 θ.

事实上, 在 $x = r\cos\theta, y = r\sin\theta$ 的范围内, 有

$$x + \sqrt{x^2 + y^2} = r(\cos\theta + 1) = 2r\cos^2\frac{\theta}{2} > 0$$

$$y = r\sin\theta = 2r\cos\frac{\theta}{2}\sin\frac{\theta}{2}$$

其中
$$\frac{y}{x+\sqrt{x^2+y^2}} = \tan\frac{\theta}{2}$$

从而
$$\theta = 2\arctan\frac{y}{x+\sqrt{x^2+y^2}} \tag{3.3}$$

当然, 反正切函数只在一些特殊值处是已知的, 公式 (3.3) 只在理论上是有用的.

§3.4 常用的几何对象

本节介绍平面中常用的几个几何对象 (objets géoétriques usuels).

§3.4.1 平面上一个子集的方程

已知平面上一个子集 A, 来定义 A 的笛卡儿坐标方程、极坐标方程或参数方程.

1. 笛卡儿方程 (Équation cartésienne)

定义 3.4.1 设 F 是定义在 $\mathbb{R}^2$ 上的函数, $\mathcal{R}$ 是一个笛卡儿标架. 如果

$$A = \{M = (x,y)_{\mathcal{R}} \in \mathcal{P} | F(x,y) = 0\}$$

那么就称 $F(x,y) = 0$ 是 A 在 $\mathcal{R}$ 下的笛卡儿方程. 换言之, A 是平面中那些在标架 $\mathcal{R}$ 下的坐标满足 $F(x,y) = 0$ 的点的集合.

例 3.4.1 一个点的笛卡儿方程.

取 $A = \{M_0\}$, 其中 $M_0 = (x_0, y_0)$. 平面上一点 $M = (x,y)$ 属于 A 当且仅当 $x = x_0, y = y_0$, 即 $x - x_0 = 0, y - y_0 = 0$. 因此, 若定义 $\forall (x,y) \in \mathbb{R}^2, F(x,y) = (x - x_0, y - y_0)$, 则 A 的方程为 $F(x,y) = 0$.

假设平面上一个子集 A 在一个正向标准正交标架下有一个方程 $F(x,y) = 0$. 若要在典范标架下求 A 的方程. 因此, 已知有一个标架 $\mathcal{R} = (\Omega, (\vec{u}, \vec{v}))$, 其中 $(\vec{u}, \vec{v})$ 是一组正向的标准正交基, 而且

$$\forall M \in \mathcal{P}, M \in A \Leftrightarrow \begin{cases} M = (x', y')_{\mathcal{R}} \\ M \in A \end{cases}$$
$$\Leftrightarrow \begin{cases} M = (x', y')_{\mathcal{R}} \\ F(x', y') = 0 \end{cases}$$

利用前面的符号, 可以看到 $M \in A$ 当且仅当

$$\begin{cases} M=(x,y) \\ F((x-a)\cos\alpha+(y-b)\sin\alpha,-(x-a)\sin\alpha+(y-b)\cos\alpha)=0 \end{cases}$$

因此, 若 $F(x,y)=0$ 是 A 在标架 $\mathcal{R}$ 下的笛卡儿方程, 且定义

$$\forall(x,y)\in\mathbb{R}^2, G(x,y)=F((x-a)\cos\alpha+(y-b)\sin\alpha,-(x-a)\sin\alpha+(y-b)\cos\alpha)$$

则 $G(x,y)=0$ 是 A 在典范标架下的笛卡儿方程.

2. 极坐标方程 (Équation polaire)

平面子集的极坐标方程与笛卡儿方程定义的方式一样.

定义 3.4.2　设 F 是定义在 $\mathbb{R}^2$ 上的函数, 如果

$$A=\{M\in\mathcal{P}|(r,\theta)\text{是}M\text{的一个极坐标对且}F(r,\theta)=0\}$$

那么说 $F(r,\theta)=0$ 是 A 的极坐标方程.

3. 参数方程

定义 3.4.3　设 I 是 $\mathbb{R}$ 的一个区间且 $f:I\to\mathbb{R}^2$ 是一个映射. 如果 $A=f(I)$, 那么说 f 是 A 的参数方程.

平面中满足一个参数方程的子集称为曲线 (courbes).

§3.4.2　直　线

在定义了什么是直线 (droites) 后, 将得到直线的常用几何性质, 即何时两条直线相交? 它们何时重合? 它们有几个交点?

1. 定　义

定义 3.4.4　设 A 是平面中的一点, $\vec{u}$ 是一个非零向量. 由向量 $\vec{u}$ 引导的过 A 点的直线是集合 $(A,\vec{u})=\{A+\lambda\vec{u}|\lambda\in\mathbb{R}\}$.

由直线的定义已知, 有且只有一条直线由已知的向量定向且通过已知的点. 同样地, 如果定义

$$\forall t\in\mathbb{R}, f(t)=A+t\vec{u}=(x_A+tu_1,y_A+tu_2)$$

则可知

$$(A,\vec{u})=f(\mathbb{R}).$$

换言之, f 是这条直线的参数方程.

首先证明定义的合理性, 即 $(A,\vec{u})$ 称为“过 A 的直线”是包含 A 的.

命题 3.4.1 点 A 属于所有通过 A 点的直线.

证明: 设 $\vec{u}$ 是一个非零向量, 它引导了一条过点 A 的直线. 因为 $A = A + 0 \times \vec{u}$, 根据**定义 3.4.4** 可看到 $A \in (A, \vec{u})$.

已知由一个已知的点和一个方向向量可定义一条直线, 也可以通过两个不同的已知点来定义一条直线.

定义 3.4.5 设 A, B 是平面上两个不同的点. 由 A 与 B 定义的直线记为 (AB), 是过 A 且由 $\overrightarrow{AB}$ 引导的直线.

命题 3.4.2 设 A 与 B 是平面上两个不同的点, 则直线 (AB) 与直线 (BA) 是相同的.

证明: 易知

$$
\begin{aligned}
(AB) &= \{A + \lambda\overrightarrow{AB} | \lambda \in \mathbb{R}\} \\
&= \{A + \overrightarrow{AB} + (\lambda - 1)\overrightarrow{AB} | \lambda \in \mathbb{R}\} \\
&= \{B + (1 - \lambda)\overrightarrow{BA} | \lambda \in R\} = (BA)
\end{aligned}
$$

正如下面命题 (命题 3.4.3) 的证明, 可以利用一个点和一个法向量 (vecteur normal) 来定义一条直线.

命题 3.4.3 设 A 是平面上一点, $\vec{u}$ 是非零向量. 集合 $\mathscr{D} = \{M \in \mathcal{P} | \overrightarrow{AM} \cdot \vec{u} = 0\}$ 是一条直线, 称为与 $\vec{u}$ 在 A 点正交 (normale à $\vec{u}$ en A) 的直线.

证明: 记

$$
\vec{u} = \begin{pmatrix} u_1 \\ u_2 \end{pmatrix}, \quad \vec{v} = \begin{pmatrix} -u_2 \\ u_1 \end{pmatrix}
$$

从而 $\vec{u}$ 与 $\vec{v}$ 是正交的, 于是

$$
\begin{aligned}
\forall \vec{w} = \begin{pmatrix} w_1 \\ w_2 \end{pmatrix} \in \overrightarrow{\mathcal{P}}, \vec{w} \cdot \vec{u} = 0 &\Leftrightarrow w_1 u_1 + w_2 u_2 = 0 \\
&\Leftrightarrow \det(\vec{w}, \vec{v}) = 0 \\
&\Leftrightarrow \vec{w} \text{ 与 } \vec{v} \text{ 共线}
\end{aligned}
$$

因此, $\mathscr{D}$ 是使得 $\overrightarrow{AM}$ 与 $\vec{v}$ 共线的点 M 的集合, 即 $\mathscr{D} = (A, \vec{v})$.

2. 直线的笛卡儿方程

下面来求直线的笛卡儿方程.

定理 3.4.1 设 $\mathscr{D}$ 是平面上一条直线, 存在实数 $a, b, c, (a, b) \neq (0, 0)$ 使得 $ax + by + c = 0$ 是 $\mathscr{D}$ 的笛卡儿方程. 反过来, 已知这些实数, 则 $ax + by + c = 0$ 是以 $\begin{pmatrix} -b \\ a \end{pmatrix}$ 为方向向量的直线的方程.

证明: 首先, 已知平面中的一条直线 $\mathscr{D}=(A,\vec{u}),\vec{u}\neq 0$, 有

$$\begin{aligned}\forall M\in\mathcal{P}, M\in\mathscr{D} &\Leftrightarrow (\exists\lambda\in\mathbb{R}, M=A+\lambda\vec{u})\\ &\Leftrightarrow (\exists\lambda\in\mathbb{R}, \overrightarrow{AM}=\lambda\vec{u})\\ &\Leftrightarrow \overrightarrow{AM} \text{ 与 } \vec{u} \text{ 共线}\\ &\Leftrightarrow \det(\overrightarrow{AM},\vec{u})=0\\ &\Leftrightarrow \begin{cases} M=(x,y)\\ (x-x_A)u_2-(y-y_A)u_1=0\end{cases}\end{aligned}$$

故直线 $(A,\vec{u})$ 的笛卡儿方程是

$$(x-x_A)u_2-(y-y_A)u_1=0 \tag{3.4}$$

展开后, 方程 (3.4) 可以写为

$$xu_2-yu_1+(y_Au_1-x_Au_2)=0 \tag{3.5}$$

方程 (3.5) 就是 $ax+by+c=0$ 的形式, 即 $a=u_2, b=-u_1, c=y_Au_1-x_Au_2$.

反过来, 设 $\mathscr{D}$ 是平面的一个子集, 其笛卡儿方程为 $ax+by+c=0, (a,b)\neq(0,0)$. 记

$$\vec{u}=\begin{pmatrix}-b\\ a\end{pmatrix}\neq 0, A=\left(-\frac{ac}{a^2+b^2},-\frac{bc}{a^2+b^2}\right)$$

点 $A\in\mathscr{D}$, 由于

$$ax_A+by_A+c=-\frac{a^2c}{a^2+b^2}-\frac{b^2c}{a^2+b^2}+c=0$$

若 $M=(x,y)$ 是 $\mathcal{P}$ 中另一点, 则有

$$\begin{aligned}M\in\mathscr{D} &\Leftrightarrow ax+by+c=0\\ &\Leftrightarrow a(x-x_A)+b(y-y_A)=0\\ &\Leftrightarrow \det(\overrightarrow{AM},\vec{u})=0\\ &\Leftrightarrow \overrightarrow{AM} \text{ 与 } \vec{u} \text{ 共线}\end{aligned}$$

根据直线的定义知, $M\in\mathscr{D}$ 当且仅当它在以 $\vec{u}$ 为方向向量过 A 点的直线上. 故 $\mathscr{D}$ 是由 $\vec{u}$ 引导的一条直线.

命题 3.4.4 设 $a,b,a',b'\in\mathbb{R}$ 且 $(a,b)\neq(0,0),(a',b')\neq(0,0)$, 以 $ax+by+c=0$ 与 $a'x+b'y+c'=0$ 为笛卡儿方程的两条直线重合当且仅当这两个方程成比例.

证明: 假设以 $ax + by + c = 0$ 与 $a'x + b'y + c' = 0$ 为笛卡儿方程的直线重合且等于同一条直线 $\mathscr{D}$. 那么这条直线至少包含两个不同的点 A 与 B. 根据**定理 3.4.1**, 有 $\vec{u} = \begin{pmatrix} -b \\ a \end{pmatrix}, \vec{u'} = \begin{pmatrix} -b' \\ a' \end{pmatrix}$ 是 $\mathscr{D}$ 的方向向量. 由于 $\vec{u}, \vec{u'}$ 与 $\overrightarrow{AB}$ 非零, 故存在实数 λ, μ 使得

$$\vec{u'} = \lambda\overrightarrow{AB}, \quad \overrightarrow{AB} = \mu\vec{u}$$

故

$$\vec{u'} = \lambda\mu\vec{u}$$

因而

$$b' = \lambda\mu b, a' = \lambda\mu a$$

利用 $\mathscr{D}$ 的两个方程及 $A \in \mathscr{D}$ 这个事实, 可得到:

$$\begin{cases} ax_A + by_A + c = 0 \\ \lambda\mu a x_A + \lambda\mu b x_A + c' = 0 \end{cases}$$

将第一个方程乘以 $\lambda\mu$ 与第二个方程相减, 有 $\lambda\mu c - c' = 0$. 故 $c' = \lambda\mu c$, 即同一条直线的两个方程是成比例的.

反过来, 假设有两条直线, 其笛卡儿方程成比例, 即

$$M \in \mathscr{D} \Leftrightarrow ax + by + c = 0$$
$$M \in \mathscr{D}' \Leftrightarrow \lambda ax + \lambda by + \lambda c = 0$$

根据**定理 3.4.1** 知, λ 不可能为 0, 因此 $M \in \mathscr{D}' \Leftrightarrow ax + by + c = 0 \Leftrightarrow M \in \mathscr{D}$. 故直线 $\mathscr{D}$ 与 $\mathscr{D}'$ 是相同的.

最后, 总结一下根据直线的定义方式写出一条直线的笛卡儿方程的方法.

• 若 $\mathscr{D}$ 由一个点 A 与一个方向向量 $\vec{u} = \begin{pmatrix} u_1 \\ u_2 \end{pmatrix}$ 定义, 则

$$(x - x_A)u_2 - (y - y_A)u_1 = 0$$

• 若 $\mathscr{D}$ 是由直线 (AB) 定义的, 即过 A 点且以 $\overrightarrow{AB}$ 为方向向量的直线, 则笛卡儿坐标方程为

$$(x - x_A)(y_B - y_A) - (y - y_A)(x_B - x_A) = 0$$

• 若 $\mathscr{D}$ 由一点 A 与一个法向量 $\vec{u} = \begin{pmatrix} u_1 \\ u_2 \end{pmatrix}$ 定义, 则

$$(x - x_A)u_1 + (y - y_A)u_2 = 0$$

3. 两条直线的交集

定理 3.4.2 设两条直线分别有笛卡儿方程

$$\mathscr{D}: ax+by+c=0$$
$$\mathscr{D}': a'x+b'y+c'=0$$

则有两种可能:

• 这两条直线不相交 (disjointes) 或重合 (confondues), 此时说它们平行 (parallèles). 这种情况发生当且仅当 $\begin{vmatrix} a & a' \\ b & b' \end{vmatrix}=0.$

• 它们的交集退化为一点, 此时说它们相交.

证明: 点 $M=(x,y)$ 同时属于 $\mathscr{D}$ 与 $\mathscr{D}'$ 当且仅当

$$\begin{cases} ax+by=-c \\ a'x+b'y=-c' \end{cases}$$

即当且仅当

$$x\vec{u}+y\vec{v}=\vec{w} \tag{3.6}$$

其中

$$\vec{u}=\begin{pmatrix} a \\ a' \end{pmatrix}, \vec{v}=\begin{pmatrix} b \\ b' \end{pmatrix}, \vec{w}=\begin{pmatrix} -c \\ -c' \end{pmatrix}$$

于是有两种可能:

• 向量 $\vec{u}$ 与 $\vec{v}$ 构成一组基底. 这种情况发生当且仅当它们的行列式不为零. 此时, 根据**定理 3.3.1** 知方程 (3.6) 只有一个解; $\mathscr{D}$ 与 $\mathscr{D}'$ 只有一个交点.

• 向量 $\vec{u}$ 与 $\vec{v}$ 共线. 这种情况发生当且仅当它们的行列式为零.

根据**注 3.2.2**, 有

$$\det(\vec{u},\vec{v})=\begin{vmatrix} a & b \\ a' & b' \end{vmatrix}=\begin{vmatrix} a & a' \\ b & b' \end{vmatrix}=0$$

根据**定理 3.4.1**, 有

$$\begin{pmatrix} a \\ b \end{pmatrix}\neq\vec{0}, \begin{pmatrix} a' \\ b' \end{pmatrix}\neq\vec{0}$$

由于这两个向量共线, 因此存在一个非零实数 λ 使得 $a'=\lambda a, b'=\lambda b$. 故方程 (3.6) 可变成

$$\begin{cases} ax+by=-c \\ \lambda ax+\lambda by=-c' \end{cases}$$

可知: 若 $c' \neq \lambda c$, 则方程组无解, 直线 $\mathscr{D}$ 与 $\mathscr{D}'$ 不相交; 若 $c' = \lambda c$, 直线 $\mathscr{D}$ 与 $\mathscr{D}'$ 有成比例的笛卡儿方程, 故它们重合.

4. 点到直线的距离

已知一个点 M 与一条直线 $\mathscr{D}$, 那么容易定义 M 到 $\mathscr{D}$ 的距离为 M 到 $\mathscr{D}$ 上的点的最短距离. 下面证明这个定义存在且容易计算.

命题 3.4.5　*设 $\mathscr{D}$ 是一条直线, M 是平面中一点. 存在一点 $H \in \mathscr{D}$ 使得*

$$\forall N \in \mathscr{D}, MH \leqslant MN.$$

距离 MH 称为 M 到 $\mathscr{D}$ 的距离, 记为 $d(M, \mathscr{D})$.

证明: $\mathscr{D}$ 的过 M 的法线 (normale) 交 $\mathscr{D}$ 于 H. 根据勾股定理, 有

$$\forall N \in \mathscr{D}, MN^2 = MH^2 + HN^2 \geqslant MH^2$$

故
$$\forall N \in \mathscr{D}, MH \leqslant MN$$

命题 3.4.6　*设 $\mathscr{D}$ 是以 $\vec{u}$ 为方向向量过 A 点的直线, M 是平面中一点, 则有*

$$d(M, \mathscr{D}) = \frac{|\det(\overrightarrow{AM}, \vec{u})|}{\|\vec{u}\|}$$

证明: 根据**命题 3.4.5** 的证明知, 若 H 是 $\mathscr{D}$ 与其过 M 的法线的交点, 则有 $d(M, \mathscr{D}) = MH$. 另外,

$$\det(\overrightarrow{AM}, \vec{u}) = \det(\overrightarrow{AH} + \overrightarrow{HM}, \vec{u}) = \det(\overrightarrow{AH}, \vec{u}) + \det(\overrightarrow{HM}, \vec{u})$$

而由于 A, H 都在 $\mathscr{D}$ 上, 因此向量 $\overrightarrow{AH}$ 与 $\vec{u}$ 共线. 故

$$\det(\overrightarrow{AM}, \vec{u}) = \det(\overrightarrow{HM}, \vec{u}) = HM \times \|\vec{u}\| \times \sin(\overrightarrow{HM}, \vec{u}) = \pm HM\|\vec{u}\|$$

进而有

$$d(M, \mathscr{D}) = HM = \frac{|\det(\overrightarrow{AM}, \vec{u})|}{\|\vec{u}\|}$$

命题 3.4.7　*设 $\mathscr{D}$ 是一条直线, 其方程为 $ax + by + c = 0$. 若 $M = (x, y)$ 是平面上一点, 则 $d(M, \mathscr{D}) = \dfrac{|ax + by + c|}{\sqrt{a^2 + b^2}}$.*

证明: 根据**定理 3.4.1** 知, $\mathscr{D}$ 的方向向量是 $\vec{u} = \begin{pmatrix} -b \\ a \end{pmatrix}$. 若 $A = (x_0, y_0)$ 是 $\mathscr{D}$ 中任意一点, 则由**命题 3.4.6** 可知

$$d(M, \mathscr{D}) = \frac{|\det(\overrightarrow{AM}, \vec{u})|}{\|\vec{u}\|} = \frac{|a(x - x_0) + b(y - y_0)|}{\sqrt{a^2 + b^2}} = \frac{|ax + by - (ax_0 + by_0)|}{\|\vec{u}\|}$$

而 $A \in \mathscr{D}$, 因此 $ax_0+by_0+c=0$. 故

$$d(M,\mathscr{D})=\frac{|ax+by+c|}{\sqrt{a^2+b^2}}$$

例 3.4.2 (1) 设 $\mathscr{D}$ 是过点 $A=(3,4)$ 并由 $\vec{u}=\begin{pmatrix}-1\\3\end{pmatrix}$ 引导的直线, 则 $\mathscr{D}$ 到原点的距离为

$$d(O,\mathscr{D})=\frac{\left|\det(\overrightarrow{AO},\vec{u})\right|}{\|\vec{u}\|}=\frac{|-3\times 3-(-4)\times(-1)|}{\sqrt{1+9}}=\frac{13}{\sqrt{10}}$$

(2) 若 $\mathscr{D}$ 由方程 $2x+y+3=0$ 给定, 则有

$$d(O,\mathscr{D})=\frac{|2\times 0+1\times 0+3|}{\sqrt{4+1}}=\frac{3}{\sqrt{5}}$$

5. 直线的极坐标方程

设 $\mathscr{D}$ 是一条直线, 已知它有一个笛卡儿方程: $ax+by+c=0$. 应用极坐标将其转化为笛卡儿坐标的公式, 即一个极坐标为 (r,θ) 的点 M 在 $\mathscr{D}$ 上当且仅当

$$ax+by+c=0 \Leftrightarrow ar\cos\theta+br\sin\theta+c=0 \tag{3.7}$$

方程 (3.7) 即为 $\mathscr{D}$ 的极坐标方程.

§3.4.3 圆

1. 定义与方程

定义 3.4.6 已知一点 $\Omega \in \mathcal{P}$ 及一个非零实数 R, 称集合 $\mathscr{C}(\Omega,R)=\{M\in\mathcal{P}|\Omega M=R\}$ 为以 Ω 为圆心、以 R 为半径的圆 (cercle de centre Ω et de rayon R).

命题 3.4.8 若 $M\in\mathscr{C}(\Omega,R)$, 则点 $M'=\Omega-\overrightarrow{\Omega M}$ 也在这个圆上. 线段 $[MM']$ 称为圆的直径 (diamètre), 而且有 $MM'=2R$.

证明: 因为 $M'=\Omega-\overrightarrow{\Omega M}$, 所以有 $\overrightarrow{\Omega M'}=-\overrightarrow{\Omega M}=\overrightarrow{M\Omega}$. 故 $\Omega M'=\Omega M=R$, 从而 M' 也在这个圆上. 由于 $\overrightarrow{MM'}=\overrightarrow{M\Omega}+\overrightarrow{\Omega M'}=2\overrightarrow{M\Omega}$, 故 $MM'=2\Omega M=2R$.

命题 3.4.9 设 $\mathcal{R}$ 是一个标准正交标架. 圆 $\mathscr{C}(\Omega,R)$ 在 $\mathcal{R}$ 下有一个笛卡儿方程, 为

$$x^2+y^2-2ax-2ay+c=0 \tag{3.8}$$

方程 (3.8) 称为圆的标准方程 (équation normale), 而且有 $\Omega=(a,b)_{\mathcal{R}}$ 及 $R^2=a^2+b^2-c$.

证明: 记 $\Omega=(a,b)_{\mathcal{R}}$. 由 $\mathscr{C}(\Omega,R)$ 的定义, 有

$$\forall M=(x,y)_{\mathcal{R}}\in\mathcal{P}, M\in\mathscr{C}(\Omega,R)\Leftrightarrow\|\overrightarrow{\Omega M}\|^2=R^2$$

$$\Leftrightarrow (x-a)^2+(y-b)^2=R^2$$

$$\Leftrightarrow x^2+y^2-2ax-2by+(a^2+b^2-R^2)=0$$

可以利用笛卡儿坐标转化为极坐标的公式推出圆 $\mathscr{C}(\Omega,R)$ 的极坐标方程:

$$x^2+y^2-2ax-2by+(a^2+b^2-R^2)=r^2-2r(a\cos\theta+b\sin\theta)+(a^2+b^2-R^2)=0$$

在某些特殊情况下, 可给出非常简单的方程. 例如, 若 $\Omega=O$, 则 a,b 都为 0, 且 $\mathscr{C}(O,R)$ 的方程简化为 $r^2=R^2$. 若这个圆过点 O, 即 $\Omega O=R$, 则存在 θ_0 使得 $\Omega=(R\cos\theta_0,R\sin\theta_0)$.

根据圆 $\mathscr{C}(\Omega,R)$ 的极坐标, 有

$$r^2-2r(R\cos\theta_0\cos\theta+R\sin\theta_0\sin\theta)=0$$

即

$$r(r-2R\cos(\theta-\theta_0))=0$$

故

$$r=0 \text{ 或 } r=2R\cos(\theta-\theta_0)$$

$r=0$ 这个方程只是点 O 的方程, 而方程 $r=2R\cos(\theta-\theta_0)$ 是整个圆的方程. 因此, 一个过 O 的圆有一个形为 $r=2R\cos(\theta-\theta_0)$ 的极坐标方程.

2. 直线与圆的交集 (Intersection d'une droite et d'un cercle)

命题 3.4.10　*设 $\mathscr{C}(\Omega,R)$ 是一个圆, $\mathscr{D}$ 是一条直线.*

• *若 $d(\Omega,\mathscr{D})>R$, 则 $\mathscr{D}\cap\mathscr{C}=\emptyset$.*

• *若 $d(\Omega,\mathscr{D})=R$, 则 $\mathscr{D}\cap\mathscr{C}$ 是一个点 M. 称这条直线是圆在 M 点的切线* (tangente au cercle en M).

• *若 $d(\Omega,\mathscr{D})<R$, 则 $\mathscr{D}\cap\mathscr{C}$ 包含两个不同的点.*

证明: 分别讨论上述 3 种情况.

• 若 $d(\Omega,\mathscr{D})>R$, 这表示 $\forall M\in\mathscr{D},\Omega M>R$. 由于 $\mathscr{C}$ 是平面上到 Ω 的距离为 R 的点的集合, 因此可知 $\mathscr{D}$ 上任何一点都不可能属于 $\mathscr{C}$.

• 若 $d(\Omega,\mathscr{D})=R$, 记 H 为 $\mathscr{D}$ 的过 Ω 的垂线与 $\mathscr{D}$ 的交点. 由**命题 3.4.5** 知,

$$\forall M\in\mathscr{D}\backslash\{H\}, R=\Omega H<\Omega M$$

故 H 是 $\mathscr{D}$ 中与 Ω 的距离等于 R 的唯一的点.

• 若 $d(\Omega,\mathscr{D})<R$, 记 r 为此距离, H 是 $\mathscr{D}$ 与其过 Ω 的垂线的交点. 已知 $\Omega H=r$ 且 (ΩH) 与 $\mathscr{D}$ 垂直, 记 $\vec{u}$ 为 $\mathscr{D}$ 的方向向量. 又由于 $M\in\mathscr{D}$ 当且仅当 M 是 $H+\lambda\vec{u}$ 的形式.

于是根据勾股定理知, $\forall M = H + \lambda\vec{u} \in \mathscr{D}, \Omega M^2 = \Omega H^2 + \lambda^2\|\vec{u}\|^2 = r^2 + \lambda^2\|\vec{u}\|^2$. 故可看到 $\mathscr{D}$ 中只有两个点在 $\mathscr{C}$ 上, 此时参数 λ 满足

$$r^2 + \lambda^2\|\vec{u}\|^2 = R^2$$

即

$$\lambda = \pm\frac{\sqrt{R^2 - r^2}}{\|\vec{u}\|^2}$$

在实际应用中, 有两种方法求一条直线与一个圆的交点. 这两种求法都很直接. 假设求出 $\mathscr{C}$ 的一个方程及 $\mathscr{D}$ 的一个方程, 称它们的交点满足这两个方程. 因此给出一个方程组:

$$\begin{cases} x^2 + y^2 - 2ax - 2by = -c \\ \alpha x + \beta y = -r \end{cases}$$

其中, x, y 是未知数; 其他参数来自于几何问题. 或者可以模拟**命题 3.4.10** 的证明方法, 通过计算圆心到直线的距离来求交点.

§3.5 平面上的变换

本节将研究平面上的一些常用的变换 (transformations du plan), 然后给出 $f(M)$ 用 M 的函数来表达的坐标的公式.

§3.5.1 平 移

定义 3.5.1 已知 $\vec{u} \in \overrightarrow{\mathcal{P}}$. 函数 $T_{\vec{u}}$ 定义为

$$\forall M \in \mathcal{P}, T_{\vec{u}}(M) = M + \vec{u}$$

称 $T_{\vec{u}}$ 为沿向量 $\vec{u}$ 的平移 (translations).

下面介绍平移的性质.

命题 3.5.1 设 $\vec{u} = \begin{pmatrix} u_1 \\ u_2 \end{pmatrix} \in \overrightarrow{\mathcal{P}}$, 记 T 为沿向量 $\vec{u}$ 的平移.

(1) 对于任意点 A 与 B, $\overrightarrow{T(A)T(B)} = \overrightarrow{AB}$.

(2) T 保持距离.

(3) 设 $\mathscr{D}$ 是过一点 A 的直线, $\mathscr{D}$ 在 T 下的像是过 $T(A)$ 的与 $\mathscr{D}$ 平行的直线.

(4) 设 $\mathscr{C}(\Omega, R)$ 是一个圆, 它在 T 下的像是以 $T(\Omega)$ 为圆心, R 为半径的圆.

(5) $\forall M = (x, y) \in \mathcal{P}, T(M) = (x + u_1, y + u_2)$.

证明: 设 $\vec{u} \in \overrightarrow{\mathcal{P}}$.

(1) 设 A 与 B 是平面上两点, 则有

$$T(A) = A + \vec{u}, \quad T(B) = B + \vec{u} = A + \overrightarrow{AB} + \vec{u}$$

又已知

$$T(B) = T(A) + \overrightarrow{T(A)T(B)} = A + \vec{u} + \overrightarrow{T(A)T(B)}$$

故

$$\vec{u} + \overrightarrow{AB} = \vec{u} + \overrightarrow{T(A)T(B)}$$

从而

$$\overrightarrow{AB} = \overrightarrow{T(A)T(B)}$$

(2) 若 A, B 是平面上两个点, 则 $\overrightarrow{AB} = \overrightarrow{T(A)T(B)}$, 故 $d(A,B) = d(T(A), T(B))$, 从而 T 保持距离.

(3) 设 $\mathscr{D}$ 是过 A 的一条直线, B 是 $\mathscr{D}$ 上另一点, 根据直线的定义有

$$\begin{aligned}
\mathscr{D} = (AB) &= \{A + \lambda\overrightarrow{AB} | \lambda \in \mathbb{R}\} \\
T(\mathscr{D}) &= \{T(A + \lambda\overrightarrow{AB}) | \lambda \in \mathbb{R}\} \\
&= \{A + \vec{u} + \lambda\overrightarrow{AB} | \lambda \in \mathbb{R}\} \\
&= \{T(A) + \lambda\overrightarrow{AB} | \lambda \in \mathbb{R}\}
\end{aligned}$$

$\mathscr{D}$ 在 T 下的像是由 $\overrightarrow{AB}$ 引导的过 $T(A)$ 的直线, 即过 $T(A)$ 平行于 (AB) 的直线.

(4) 设 $\mathscr{C}(\Omega, R)$ 是一个圆. 由定义知, $\mathscr{C} = \{M \in \mathcal{P} | \Omega M = R\}$. 下面将证明:

$$M \in T(\mathscr{C}) \Leftrightarrow M \in \mathscr{C}(T(\Omega), R)$$

设 M 是 $T(\mathscr{C})$ 上一点, 于是可知, 存在 $N \in \mathscr{C}$ 使得

$$M = T(N) = N + \vec{u}$$

因为 T 保距, 所以 $T(\Omega)M = T(\Omega)T(N) = \Omega N = R$. 故 M 属于以 $T(\Omega)$ 为圆心, R 为半径的圆. 反之, 若 M 属于这个圆, 可写出 $M = M - \vec{u} + \vec{u} = T(N)$, 其中, $N = M - \vec{u}$. 因为 T 保距, 所以 $\Omega N = T(\Omega)T(N) = T(\Omega)M = R$. 从而 N 在 $\mathscr{C}$ 上, 这就证明了 $M \in T(\mathscr{C})$.

(5) 由**定义 3.1.5** 直接可得.

注 3.5.1 *沿 $\vec{u}$ 的平移是双射, 逆映射是沿 $-\vec{u}$ 的平移.*

§3.5.2 位似变换

定义 3.5.2 设 Ω 是平面上一点, λ 是一个非零实数. 以 Ω 为中心, λ 为比例的位似变换 (homothéties) 是映射 $h_{\Omega,\lambda}$, 其定义为

$$\forall M \in \mathcal{P}, h_{\Omega,\lambda}(M) = \Omega + \lambda\overrightarrow{\Omega M}$$

命题 3.5.2 设 $\Omega = (a, b) \in \mathcal{P}, \lambda \in \mathbb{R}^*$. 记 h 为以 Ω 为中心、λ 为比例的位似变换.

(1) 对于任意点 A, B, 有 $\overrightarrow{h(A)h(B)} = \lambda\overrightarrow{AB}$.

(2) h 将距离乘以 $|\lambda|$.

(3) 设 $\mathscr{D}$ 是过 A 点的一条直线, $\mathscr{D}$ 在 h 下的像是过 $h(A)$ 点与 $\mathscr{D}$ 平行的直线.

(4) 设 $\mathscr{C}(C, R)$ 是一个圆. 它在 h 下的像是以 $h(C)$ 为圆心、$|\lambda|R$ 为半径的圆.

(5) $\forall M = (x, y) \in \mathcal{P}, h(M) = (a + \lambda(x - a), b + \lambda(y - b))$.

证明: 设 $\Omega \in \mathcal{P}, \lambda \in \mathbb{R}^*$.

(1) 若 A 与 B 是平面上两点, 则有

$$\begin{aligned} h(A) &= \Omega + \lambda\overrightarrow{\Omega A} \\ h(B) &= \Omega + \lambda\overrightarrow{\Omega B} \\ &= \Omega + \lambda\overrightarrow{\Omega A} + \lambda\overrightarrow{A\Omega} + \lambda\overrightarrow{\Omega B} \\ &= h(A) + \lambda\overrightarrow{AB} \end{aligned}$$

故

$$\overrightarrow{h(A)h(B)} = \lambda\overrightarrow{AB}$$

(2) 设 A, B 是平面上两点. 已知

$$\overrightarrow{h(A)h(B)} = \lambda\overrightarrow{AB}$$

故

$$h(A)h(B) = |\lambda|AB$$

(3) 设 $\mathscr{D}$ 是过 A 点的直线, B 是 $\mathscr{D}$ 上另一点使得 $\overrightarrow{AB}$ 引导 $\mathscr{D}$ 的方向. 那么 $h(B) = h(A) + \lambda\overrightarrow{AB}$. 故 $h(B)$ 属于过 $h(A)$ 平行于 $\mathscr{D}$ 的直线. 所以 $h(\mathscr{D})$ 包含于过 $h(A)$ 平行于 $\mathscr{D}$ 的直线.

反过来, 若 M 是这条直线上一点, 则 $\overrightarrow{h(A)M}$ 是 $\mathscr{D}$ 的一个方向向量. 定义

$$N = \Omega + \frac{1}{\lambda}\overrightarrow{\Omega M}$$

则可以写成

$$N = \Omega + \overrightarrow{\Omega A} + \overrightarrow{A\Omega} + \frac{1}{\lambda}\overrightarrow{\Omega M} = A + \overrightarrow{A\Omega} + \frac{1}{\lambda}\overrightarrow{\Omega M}$$

而 $$\overrightarrow{\Omega h(A)} = \lambda \overrightarrow{\Omega A}$$

故 $$\overrightarrow{\Omega A} = \frac{1}{\lambda}\overrightarrow{\Omega h(A)}$$

于是有 $$N = A + \frac{1}{\lambda}\overrightarrow{h(A)\Omega} + \frac{1}{\lambda}\overrightarrow{\Omega M} = A + \frac{1}{\lambda}\overrightarrow{h(A)M}$$

从而证明了 $N \in \mathscr{D}$. 此外,

$$h(N) = \Omega + \lambda\overrightarrow{\Omega N} = \Omega + \lambda \times \frac{1}{\lambda}\overrightarrow{\Omega M} = \Omega + \overrightarrow{\Omega M} = M$$

这说明

$$M \in h(\mathscr{D})$$

(4) 设 $\mathscr{C}(C, R)$ 是一个圆. 若 $M \in \mathscr{C}$, 则有 $CM = R$. 由于 h 将距离扩大 $|\lambda|$ 倍, 因此有 $h(C)h(M) = |\lambda|CM$. 故 $h(M)$ 在以 $h(C)$ 为圆心、以 $|\lambda|R$ 为半径的圆上. 反过来, 若 M 在这个圆上, 则有 $h(C)M = |\lambda|R$. 令 $N = \Omega + \frac{1}{\lambda}\overrightarrow{\Omega M}$, 与第 3 条的证明一样, 则有 $h(N) = M$. 只剩下证明 N 在 $\mathscr{C}$ 上. 很容易得证:

$$|\lambda|R = h(C)M = h(C)h(N) = |\lambda|CN$$

(5) 设 $M = (x, y) \in \mathcal{P}$, 有

$$h(M) = \Omega + \lambda\overrightarrow{\Omega M} = (a, b) + \lambda\begin{pmatrix} x - a \\ y - b \end{pmatrix} = [a + \lambda(x - a), b + \lambda(y - b)]$$

注 3.5.2 $h_{\Omega,\lambda}$ 是双射, 其逆映射是 $h_{\Omega,\frac{1}{\lambda}}$.

§3.5.3　旋转变换

定义 3.5.3　设 $\Omega \in \mathcal{P}, \theta \in \mathbb{R}$. 以 Ω 为中心, 旋转角为 θ 的旋转变换 (rotations) 是映射 $r_{\Omega,\theta}$, 它满足:

(1) $r_{\Omega,\theta}(\Omega) = \Omega$.

(2) 若 $M \in \mathcal{P}\backslash\{\Omega\}, r_{\Omega,\theta}(M)$ 由下面关系唯一定义:

$$\Omega r_{\Omega,\theta}(M) = \Omega M, \quad (\overrightarrow{\Omega M}, \overrightarrow{\Omega r_{\Omega,\theta}(M)}) = \theta[2\pi]$$

则这个定义有一个需要证明的部分, 即 $r_{\Omega,\theta}(M)$ 是唯一定义的这个事实. 为此需要借助复数部分定义的角.

记 ω 为 Ω 的附标, z 为 M 的附标, z' 为假设中的 $r_{\Omega,\theta}(M)$ 的附标. 于是有

$$|z-\omega| = \Omega M = \Omega r_{\Omega,\theta}(M) = |z'-\omega|$$

且

$$(\overrightarrow{\Omega M}, \overrightarrow{\Omega r_{\Omega,\theta}(M)}) = \arg(\overline{(z-\omega)}(z'-\omega))[2\pi]$$

已知

$$\arg(\overline{(z-\omega)}(z'-\omega)) = \arg(z'-\omega) - \arg(z-\omega)[2\pi]$$

故

$$\arg(z'-\omega) = \theta + \arg(z-\omega)[2\pi]$$

可看到 $z'-\omega$ 由它的模与其辐角定义, 即

$$|z'-\omega| = |z-\omega| = |(z-\omega)\mathrm{e}^{\mathrm{i}\theta}|$$

$$\arg(z'-\omega) = \arg(z-\omega) + \theta[2\pi] = \arg((z-\omega)\mathrm{e}^{\mathrm{i}\theta})[2\pi]$$

故

$$z'-\omega = (z-\omega)\mathrm{e}^{\mathrm{i}\theta}, \text{即 } z' = \omega + (z-\omega)\mathrm{e}^{\mathrm{i}\theta} \tag{3.9}$$

利用这个关系可得到 $r_{\Omega,\theta}(M)$ 的用 $M=(x,y)$ 与 $\Omega=(a,b)$ 的坐标的函数表达的坐标.

事实上,

$$\omega = a + \mathrm{i}b, z = x + \mathrm{i}y, \mathrm{e}^{\mathrm{i}\theta} = \cos\theta + \mathrm{i}\sin\theta$$

故

$$z' = \omega + (z-\omega)\mathrm{e}^{\mathrm{i}\theta} = (a + (x-a)\cos\theta - (y-b)\sin\theta) + \mathrm{i}(b + (x-a)\sin\theta + (y-b)\cos\theta)$$

命题 3.5.3 设 $\Omega = (a,b) \in \mathcal{P}, \theta \in \mathbb{R}$. 若 $M = (x,y) \in \mathcal{P}$, 则

$$r_{\Omega,\theta}(M) = (a + (x-a)\cos\theta - (y-b)\sin\theta, b + (x-a)\sin\theta + (y-b)\cos\theta) \tag{3.10}$$

由公式 (3.10) 可以得到下列性质:

命题 3.5.4 设 $\Omega \in \mathcal{P}, \theta \in \mathbb{R}$. 记 r 为以 Ω 为中心, 旋转角度为 θ 的旋转.

(1) 对于任意点 A, B, 有 $(\overrightarrow{AB}, \overrightarrow{r(A)r(B)}) = \theta[2\pi]$.

(2) r 保距.

(3) 一条直线 $\mathscr{D}$ 在 r 下的像是直线 $\mathscr{D}'$. 这两条直线的方向向量之间的夹角模 2π 为 θ.

(4) 圆 $\mathscr{C}(C,R)$ 的像是圆 $\mathscr{C}(r(C),R)$.

证明: 下面用大写字母来表示平面上一点, 用小写字母来表示其附标, 其像的附标相应地加一撇.

(1) 设 A, B 是平面上两个不同的点. 已知

$$a' = \omega + (a-\omega)\mathrm{e}^{\mathrm{i}\theta}, \quad b' = \omega + (b-\omega)\mathrm{e}^{\mathrm{i}\theta}.$$

故

$$b' - a' = (b-a)\mathrm{e}^{\mathrm{i}\theta}$$

从而

$$(\overrightarrow{AB}, \overrightarrow{r(A)r(B)}) = \arg(\overline{(b-a)}(b'-a')) = \arg(|b-a|^2\mathrm{e}^{\mathrm{i}\theta}) = \theta[2\pi]$$

(2) 若 A 与 B 是平面上两点, 则

$$b' - a' = (b-a)\mathrm{e}^{\mathrm{i}\theta}$$

故

$$r(A)r(B) = |b'-a'| = |(b-a)\mathrm{e}^{\mathrm{i}\theta}| = |b-a| = AB$$

(3) 设 $\mathscr{D}$ 是过点 A 由向量 $\vec{u}$ 引导的直线, 点 $M \in \mathscr{D}$ 当且仅当存在实数 λ 使得 $M = A + \lambda\vec{u}$. 这可以从复数的观点解释为

$$m = a + \lambda u$$

故

$$m' = \omega + (a + \lambda u - \omega)\mathrm{e}^{\mathrm{i}\theta} = \omega + (a-\omega)\mathrm{e}^{\mathrm{i}\theta} + \lambda u\mathrm{e}^{\mathrm{i}\theta} = a' + \lambda u\mathrm{e}^{\mathrm{i}\theta}$$

如果记 $\vec{v}$ 为以 $v = u\mathrm{e}^{\mathrm{i}\theta}$ 为附标的向量, 则可看到 $M \in \mathscr{D}$ 当且仅当 $r(M)$ 在过 $r(A)$ 由 $\vec{v}$ 引导的直线上. 故这条直线构成了 $\mathscr{D}$ 在 r 下的像.

角度 $(\vec{u}, \vec{v})$ 可以用常用的方法来求得:

$$(\vec{u}, \vec{v}) = \arg(\bar{u}v) = \arg(|u|^2\mathrm{e}^{\mathrm{i}\theta}) = \theta[2\pi].$$

(4) 由于 r 保距. 故 M 到 C 的距离为 R 当且仅当 $r(M)$ 到 $r(C)$ 的距离为 R.

§3.5.4　正向相似变换

定义 3.5.4　一个正向相似变换是平面上的一个变换 (similitudes directes), 它将以 z 为附标的点 M 变为以 $z' = \alpha z + \beta, (\alpha, \beta) \in \mathbb{C}^* \times \mathbb{C}$ 为附标的点 M'.

命题 3.5.5　设 s 是一个正向相似变换, 在复平面上由 $s: z \mapsto \alpha z + \beta$ 来表示. 设 A, B, C, D 是平面上 4 个点, 且 $A \neq B, C \neq D$, 则有

$$\frac{s(A)s(B)}{s(C)s(D)} = \frac{AB}{CD}, (\overrightarrow{s(A)s(B)}, \overrightarrow{s(C)s(D)}) = (\overrightarrow{AB}, \overrightarrow{CD})[2\pi]$$

证明: 按照习惯用相应的小写字母记点 A,B,C,D 的附标, 这些小写字母加一撇后表示它们在 s 下的像的附标. 于是有

$$s(A)s(B)=|b'-a'|=|\alpha b+\beta-(\alpha a+\beta)|=|\alpha||b-a|=|\alpha|AB$$

同样地, 有

$$s(C)s(D)=|\alpha|CD.$$

因为 $A\neq B, C\neq D$ 且 $\alpha\neq 0$, 可以求下列比: $\dfrac{s(A)s(B)}{s(C)s(D)}=\dfrac{|\alpha|AB}{|\alpha|CD}=\dfrac{AB}{CD}$. 对于夹角:

$$\begin{aligned}(\overrightarrow{s(A)s(B)},\overrightarrow{s(C)s(D)})&=\arg(\overline{(b'-a')}(d'-c'))\\&=\arg(\overline{\alpha(b-a)}\times\alpha(d-c))=\arg(|\alpha|^2\overline{(b-a)}(d-c))\\&=\arg(\overline{(b-a)}(d-c))=(\overrightarrow{AB},\overrightarrow{CD})[2\pi]\end{aligned}$$

命题 3.5.6 说明相似变换可以用前面所学的变换的复合来表达.

命题 3.5.6 设 $s:z\mapsto\alpha z+\beta$ 是复平面上的相似变换, $\alpha,\beta\in\mathbb{C}$ 且 $\alpha\neq 0$.

(1) 若 $\alpha=1$, 则 s 是沿以 β 为附标的向量的平移.

(2) 若 $\alpha\neq 1$, 则 s 存在一个唯一的不动点 Ω, 称为这个相似的中心. 通过记 $k=|\alpha|,\theta=\arg(\alpha)$, 有 $s=r_{\Omega,\theta}\circ h_{\Omega,k}=h_{\Omega,k}\circ r_{\Omega\theta}$.

证明: 记 $\vec{\beta}=\begin{pmatrix}\beta_1\\\beta_2\end{pmatrix}$ 是以 $\beta=\beta_1+\mathrm{i}\beta_2$ 为附标的向量. 设 $M=(x,y)$ 是平面上一点, 其附标为 $z=x+\mathrm{i}y$. 记 z' 为 $s(M)$ 的附标.

(1) 若 $\alpha=1$, 则 $z'=z+\beta=(x+\beta_1)+\mathrm{i}(y+\beta_2)$, 从而有

$$s(M)=(x+\beta_1,y+\beta_2)=M+\vec{\beta}$$

故, s 是沿向量 $\vec{\beta}$ 的平移.

(2) 若 $\alpha\neq 1$, 那么来求平面上 s 的不动点 Ω. 因为其附标 ω 满足 $\omega=\alpha\omega+\beta$, 所以 $\omega=\dfrac{\beta}{1-\alpha}$. 故关于相似变换 s 存在唯一的不动点 Ω. 于是有

$$z'-\omega=\alpha z+\beta-\frac{\beta}{1-\alpha}=\alpha z-\frac{\alpha\beta}{1-\alpha}=\alpha\left(z-\frac{\beta}{1-\alpha}\right)=k\mathrm{e}^{\mathrm{i}\theta}(z-\omega)$$

从而有

$$z'=\omega+k\mathrm{e}^{\mathrm{i}\theta}(z-\omega).$$

根据旋转部分的知识知, $\mathrm{e}^{\mathrm{i}\theta}(z-\omega)$ 是向量 $\overrightarrow{\Omega r_{\Omega,\theta}(M)}$ 的附标. 于是可推知

$$s(M)=\Omega+k\overrightarrow{\Omega r_{\Omega,\theta}(M)}=h_{\Omega,k}(r_{\Omega,\theta}(M))$$

故

$$s = h_{\Omega,k} \circ r_{\Omega,\theta}$$

也可以观察到 $k(z-\omega)$ 是向量 $k\overrightarrow{\Omega M} = \overrightarrow{\Omega h_{\Omega,k}(M)}$. 于是可推出:

$$\Omega s(M) = \Omega h_{\Omega,k}(M) \quad \text{且} \quad (\overrightarrow{\Omega s(M)}, \overrightarrow{\Omega h_{\Omega,k}(M)}) = \theta[2\pi]$$

换言之,

$$s(M) = r_{\Omega,\theta}(h_{\Omega,k}(M)),$$

或者

$$s = r_{\Omega,\theta} \circ h_{\Omega,k}$$

§3.5.5　对称变换

定义 3.5.5　设 $\Omega \in \mathcal{P}, s: \mathcal{P} \to \mathcal{P}, M \mapsto \Omega - \overrightarrow{\Omega M}$ 称为关于点 Ω 的对称变换 (symmétry). s 也称为以 Ω 为对称中心的中心对称变换.

注 3.5.3　以 Ω 为中心、-1 为比例的位似变换 $h_{\Omega,-1}$ 也称为关于 Ω 的中心对称变换.

命题 3.5.7　映射 $z \mapsto \bar{z}$ 表示的是平面上的关于直线 $(O, \vec{i})$ 的对称变换.

证明: 若 M, M' 分别是以 $z, \bar{z}$ 为附标的点, 则有 $\dfrac{M+M'}{2} \in (O, \vec{i})$ 且 $\overrightarrow{MM'}$ 与 $\vec{j}$ 共线. 故 M' 与 M 关于 $(O, \vec{i})$ 对称.

注 3.5.4　命题 3.5.7 中的映射也称为以 $(O, \vec{i})$ 为对称轴的轴对称变换.

习　题

1. Soient A et B deux points du plan et I le milieu de $[AB]$. Montrer que:

设 A 与 B 是平面上两个点且 I 是线段 $[AB]$ 的中点. 证明:

$$\forall M \in \mathcal{P}, MA^2 + MB^2 = 2MI^2 + \frac{AB^2}{2}$$

2. Soit ABC un triangle équilatéral. Soit M un point du cercle circonscrit, appartenant à l'arc BC ne contenant pas A. Montrer que $MA = MB + MC$.

设 $\triangle ABC$ 是一个等边三角形, M 是其外接圆上一点, 且 M 在不包含 A 的那段弧 BC 上. 证明: $MA = MB + MC$.

3. Déterminer les nombres complexes z tels que les vecteurs associés z, z^2 et z^4 soient alignés.

求复数 z 使得以 z, z^2, z^4 为附标的三个向量共线.

4. Soient $\vec{u}=\begin{pmatrix}2\\1\end{pmatrix}$, et $\vec{v}=\begin{pmatrix}2-\sqrt{3}\\1+2\sqrt{3}\end{pmatrix}$. Calculer l'angle $(\vec{u},\vec{v})$.

设 $\vec{u}=\begin{pmatrix}2\\1\end{pmatrix}$, et $\vec{v}=\begin{pmatrix}2-\sqrt{3}\\1+2\sqrt{3}\end{pmatrix}$. 计算方向角 $(\vec{u},\vec{v})$.

5. Montrer le théorème de l'angle au centre: si A, B et C sont trois points, distincts, d'un cercle de centre O, alors $(\overrightarrow{OB},\overrightarrow{OC})=2(\overrightarrow{AB},\overrightarrow{AC})[2\pi]$.

证明圆心角定理: 若 A, B 和 C 是以 O 为圆心的圆上的三个不同的点, 则 $(\overrightarrow{OB},\overrightarrow{OC})=2(\overrightarrow{AB};\overrightarrow{AC})[2\pi]$.

Indication: Les triangles (AOB) et (AOC) sont isocéles et la somme des angles d'un triangle vaut π.

提示: 三角形 $(\triangle AOB)$ 与三角形 $(\triangle AOC)$ 是等腰的, 三角形内角和为 π.

6. Soit $\vec{I_0}=2\vec{i}+\vec{j}$. Trouver une base orthonormée directe $(\vec{I},\vec{J})$, avec $\vec{I}=\dfrac{\vec{I_0}}{\|\vec{I_0}\|}$. Soit $\Omega=(3,2)$. Trouver les formules de changement de coordonnées entre le repère canonique et $(\Omega,(\vec{I},\vec{J}))$.

设 $\vec{I_0}=2\vec{i}+\vec{j}$. 求一组正向的标准正交基底 $(\vec{I},\vec{J})$, 其中 $\vec{I}=\dfrac{\vec{I_0}}{\|\vec{I_0}\|}$. 另设 $\Omega=(3,2)$. 求典范标架与 $(\Omega,(\vec{I},\vec{J}))$ 下的坐标转换公式.

7. Soient $\vec{u}=\begin{pmatrix}4\\-2\end{pmatrix}$, $\vec{v}=\begin{pmatrix}3\\-1\end{pmatrix}$, $\vec{w}=\begin{pmatrix}1\\-1\end{pmatrix}$. Est-ce que $(\vec{u},\vec{v})$ est une base orthonormée directe? Même question pour $(\vec{u},\vec{w})$. Construire une base orthonormée directe $(\vec{I},\vec{J})$ de sort que $\vec{I}$ soit colinéaire à $\vec{u}$.

$(\vec{u},\vec{v})$ 是不是一组正向标准正交基? $(\vec{u},\vec{w})$ 呢? 构造一组正向标准正交基 $(\vec{I},\vec{J})$ 使得 $\vec{I}$ 与 $\vec{u}$ 共线.

8. (1) Donner une ģuation cartśienne de la droite.

给出直线 $\begin{cases}x=3+2t\\y=1-t\end{cases}$ 的笛卡儿方程.

(2) Donner une reprśentation paramfrique de la droite d'ģuation.

求出方程为 $2x-3y=4$ 直线的参数表示.

(3) Donner une ģuation polaire de la droite.

求出方程为 $2x-3y=4$ 直线的极坐标方程.

(4) Quel est l'angle entre l'axe des abscisses et la droite d'ģuation polaire?

求出横坐标轴和直线 $r=\dfrac{2}{\sqrt{3}\cos\theta+\sin\theta}$ 所成的方向角.

9. Reconnaître les courbes d'équations polaires:

识别下列极坐标方程的曲线:

$$\rho = \frac{1}{\cos\theta + 3\sin\theta} \quad \text{et} \quad \rho = 3\cos\theta - 4\sin\theta.$$

10. Soient $A = (1,2)$, $B = (3,1)$, $C = (-2,3)$ et $\vec{u} = \begin{pmatrix} 1 \\ 2 \end{pmatrix}$. Donner des équations cartésiennes des droites (AB) et $(C, \vec{u})$. Déterminer leur intersection D. Si $E = (16,64)$, trouver une équation cartésienne de (DE).

设 $A = (1,2)$, $B = (3,1)$, $C = (-2,3)$ 和 $\vec{u} = \begin{pmatrix} 1 \\ 2 \end{pmatrix}$. 给出直线 (AB) 与 $(C, \vec{u})$ 的笛卡儿方程. 求它们的交点 D. 若 $E = (16,64)$, 求 (DE) 的笛卡儿方程.

11. Montrer que les médianes d'un triangle (ABC) (non aplati) sont concourrantes.

证明一个三角形 $(\triangle ABC)$ 的中线相交于一点.

Indication: On pourra travailler dans le repère $(A, \overrightarrow{AB}, \overrightarrow{AC})$.

提示: 可以在标架 $(A, \overrightarrow{AB}, \overrightarrow{AC})$ 下来做.

12. Soit $\mathscr{B} = (\vec{u}, \vec{v})$ une base du plan. Soient $\vec{x}$ et $\vec{y}$ deux vecteurs, dont les coordonnées sont

$$\vec{x} = \begin{pmatrix} x_1 \\ x_2 \end{pmatrix} = \begin{pmatrix} x_1' \\ x_2' \end{pmatrix}_{\mathscr{B}}, \quad \vec{y} = \begin{pmatrix} y_1 \\ y_2 \end{pmatrix} = \begin{pmatrix} y_1' \\ y_2' \end{pmatrix}_{\mathscr{B}}$$

设 $\mathscr{B} = (\vec{u}, \vec{v})$ 是平面的一组基底, $\vec{x}$ 与 $\vec{y}$ 是两个向量, 其坐标为

$$\vec{x} = \begin{pmatrix} x_1 \\ x_2 \end{pmatrix} = \begin{pmatrix} x_1' \\ x_2' \end{pmatrix}_{\mathscr{B}}, \quad \vec{y} = \begin{pmatrix} y_1 \\ y_2 \end{pmatrix} = \begin{pmatrix} y_1' \\ y_2' \end{pmatrix}_{\mathscr{B}}$$

On definie $\det_{\mathscr{B}}(\vec{x}, \vec{y}) = x_1'y_2' - x_2'y_1'$, Établir que $\det(\vec{x}, \vec{y}) = k\det_{\mathscr{B}}(\vec{x}, \vec{y})$.

定义 $\det_{\mathscr{B}}(\vec{x}, \vec{y}) = x_1'y_2' - x_2'y_1'$, 证明关系式 $\det(\vec{x}, \vec{y}) = k\det_{\mathscr{B}}(\vec{x}, \vec{y})$.

où k est un réel à déterminer, qui ne dépend pas de $\vec{x}$ ou $\vec{y}$.

其中, k 是一个不依赖于 $\vec{x}$ 或 $\vec{y}$ 的确定的实数.

13. Soient $A = (3,2)$ et $B = (-5,1)$. Déterminer une équation cartésienne de la médiatrice de $[AB]$.

求线段 $[AB]$ 的中垂线的笛卡儿方程.

14. Soit $\mathscr{D}$ la droite d'équation cartésienne $3x - y\sqrt{3} - 6 = 0$. Calculer la distance de O à $\mathscr{D}$.

设 $\mathscr{D}$ 是以 $3x - y\sqrt{3} - 6 = 0$ 为笛卡儿方程的直线. 求 O 到 $\mathscr{D}$ 的距离.

15. Soient $A = (1, 2)$, $B = (2, 3)$ et $C = (3, 0)$. Calculer l'aire du triangle ABC et la distance de chaque sommet au côté opposé.

求 $\triangle ABC$ 的面积及每个顶点到对边的距离.

16. Montrer que les droites D_λ d'équation cartésienne

$$D_\lambda : \quad (1 - \lambda^2)x + 2\lambda y = 4\lambda + 2$$

òu λ désigne un paramètre réel, sont toutes tangentes à un cercle fixe à préciser.

设平面集 D_λ 的笛卡儿方程如下: $D_\lambda : \quad (1 - \lambda^2)x + 2\lambda y = 4\lambda + 2$

证明对于所有的 $\lambda \in \mathbb{R}, D_\lambda$ 是一个圆的切线, 并确定这个圆.

17. Soient $A = (-2, -2)$, $B = (4, 1)$, $C = (2, 3)$, $\vec{u} = \begin{pmatrix} -4 \\ -2 \end{pmatrix}$. Donner une équation cartésienne de la droites $\mathscr{D}$ passant par A et B, de celle passant par C et dirigée par $\vec{u}$. Montrer que ces deux droites sont parallèles et calculer la distance entre elles.

给出通过点 A 与 B 的直线 $\mathscr{D}$ 的笛卡儿方程以及过点 C 由 $\vec{u}$ 引导的直线的方程, 证明这两条直线平行并求它们之间的距离.

18. Soient ABC un triangle équilatéral et M un point situé à 'intérieur du triangle ABC. Montrer que la somme des distances de M à chacun des trois côtés du triangle ne dépend pas du choix de M.

设 $\triangle ABC$ 是一个等边三角形, M 是 $\triangle ABC$ 内的一点. 证明: M 到三角形三边的距离之和不依赖于 M 的选取.

19. Donner une équation cartésienne du cercle de centre $\Omega = (-2, 1)$ et de rayon $\sqrt{5}$. Déterminer un paramétrage de cercle $\mathscr{C}'$ d'équation cartésienne $x^2 + y^2 - 4x + 2y - 4 = 0$. Déterminer l'intersection de la droite $\mathscr{D}$ d'équation $x + 3y - 2 = 0$ avec $\mathscr{C}'$.

给出以 $\Omega = (-2, 1)$ 为圆心, $\sqrt{5}$ 为半径的圆的笛卡儿方程. 确定以 $x^2 + y^2 - 4x + 2y - 4 = 0$ 为笛卡儿方程的圆 $\mathscr{C}'$ 的圆心和半径. 求以 $x + 3y - 2 = 0$ 为方程的直线 $\mathscr{D}$ 与 $\mathscr{C}'$ 的交点.

20. Déterminer l'intersection de la droite $\mathscr{D}$ et du cercle $\mathscr{C}_k$ d'équations pour $k = 4$ et $k = 8$. Déterminer k pour que $\mathscr{C}_k$ soient tangents.

对于 $k = 4$ 和 $k = 8$ 求以下列方程为笛卡儿方程的直线 $\mathscr{D}$ 与圆 $\mathscr{C}$ 的交点. 确定 k 为何值时, $\mathscr{D}$ 与 $\mathscr{C}_k$ 相切.

$$\mathscr{D} : x + 3y - 4 = 0, \quad \mathscr{C}_k = x^2 + y^2 - 6y + k = 0$$

21. Soit $\lambda \in \mathbb{R}$. On note $\mathscr{C}_\lambda$ le cercle de centre $(\lambda, 0)$, tangent à (Oy) et $\mathscr{C}'_\lambda$ le cercle de centre (λ, λ) et tangent à (Ox). Déterminer le lieu des points d'intersection de ces deux cercles lorsque λ d'écrit $\mathbb{R}$.

设 $\lambda \in \mathbb{R}$. 记 $\mathscr{C}_\lambda$ 为以 $(\lambda, 0)$ 为圆心, 与 (Oy) 相切的圆; 记 $\mathscr{C}'_\lambda$ 为以 (λ, λ) 为圆心, 与 (Ox) 相切的圆. 确定当 λ 取自于 $\mathbb{R}$ 时, 这两个圆的交点的轨迹.

22. Soit $\mathscr{C}$ le cercle de centre $(2,2)$ et de rayon 1. Soit $B = (-2,2)$. Déterminer les coordonnées des points Ω_1 et Ω_2 de $\mathscr{C}$ tel que $(B\Omega_1)$ et $(B\Omega_2)$ sont les deux tangentes à $\mathscr{C}$ passant par B.

设 $\mathscr{C}$ 为以 $(2,2)$ 为圆心、1 为半径的圆, $B = (-2,2)$. 求 $\mathscr{C}$ 上两个点 Ω_1 与 Ω_2 的坐标, 使得 $(B\Omega_1)$ 与 $(B\Omega_2)$ 是过 B 点与 $\mathscr{C}$ 相切的两条直线.

23. Soient A et B deux points non diamétralement opposés sur un cercle $\mathscr{C}$ de rayon 1. On note M le milieu de l'arc AB de mesure inférieure à π. Les tangentes en A et B se rencontrent en T. La tangente en M rencontre (AT) en A' et (BT) en B'. Trouver la limite des aires des triangles (TAB) et $(TA'B')$ lorsque l'arc AB tend vers 0.

设 A 与 B 是半径为 1 的圆 $\mathscr{C}$ 上的不在一条直径上的点. 记 M 为弧长小于 π 的弧 AB 的中点. 过 A 点和 B 点的切线交于 T 点, 过 M 点的切线与 (AT) 交于 A', 与 (BT) 交于 B'. 求当弧长 AB 趋于 0 时, $\triangle TAB$ 与 $\triangle TA'B'$ 的面积的极限.

24. On considère la transformation du plan rerésentée par $f(z) = a\bar{z} + b$, avec $a \in \mathbb{C}^*$ et $b \in \mathbb{C}$.

考虑由 $f(z) = a\bar{z} + b$ (其中 $a \in \mathbb{C}^*$, $b \in \mathbb{C}$) 确定的平面上的变换.

(1) Montrer que c'est la composée d'une similitude directe et d'une symétrie axiale (on dit que c'est une similitude indirecte).

证明这是一个正向的相似变换与一个轴对称变换的复合 (称这是一个反向的相似变换).

(2) Montrer que si f représente une symétrie axiale, on a $|a| = 1$ et $a\bar{b} + b = 0$. Trouver alors, en fonction de b, un point de l'axe de symétrie.

证明如果 f 表示一个轴对称变换, 则有 $|a| = 1$ 且 $a\bar{b} + b = 0$. 并用关于 b 的函数表示对称轴上的一个点.

(3) Réciproquement, si $a = \mathrm{e}^{\mathrm{i}\theta}$ et $a\bar{b} + b = 0$, montrer que pour tout $z \in \mathbb{C}$, le complexe $u = \mathrm{e}^{-\mathrm{i}\theta/2}(f(z) + z - b)$ est réel et $v = \mathrm{e}^{-\mathrm{i}\theta/2}(f(z) - z)$ est imaginaire pur. En déduire que f représente une symétrie orthogonale par rapport à une droite que l'on précisera.

如果 $a = \mathrm{e}^{\mathrm{i}\theta}$ 且 $a\bar{b} + b = 0$, 证明对于所有 $z \in \mathbb{C}$, 复数 $u = \mathrm{e}^{-\mathrm{i}\theta/2}(f(z) + z - b)$ 是实数, $v = \mathrm{e}^{-\mathrm{i}\theta/2}(f(z) - z)$ 是纯虚数. 然后推出 f 是一个关于需要确定的直线的正交对称变换.

(4) Montrer que si $|a| = 1$, on a $f = s \circ t = t \circ s$ où s représente une symétrie d'axe $\mathcal{D}$ et t une translation de vecteur dans la direction de $\mathcal{D}$. Vérifier l'unicité du couple (s, t).

证明: 如果 $|a| = 1$, 则有 $f = s \circ t = t \circ s$, 其中 s 表示以 $\mathcal{D}$ 为轴的对称变换, t 是沿 $\mathcal{D}$ 方向上的向量的平移. 并证明 (s, t) 的唯一性.

第 4 章　实数集

实数是有理数和无理数的总称. 数学上, 实数定义为与数轴上点相对应的数. 本章将研究实数子集的上、下确界, 实数集合的扩充, 实数的整数部分, 实数的稠密子集等.

§4.1　实数集的运算和序关系

定义 $\mathbb{R}$ 上的一个二元关系 $\leqslant$: $\forall x, y \in \mathbb{R}, x \leqslant y \Leftrightarrow x - y \in \mathbb{R}_-$.
这个关系 $\leqslant$ 具有:

(1) 自反性: $\forall x \in \mathbb{R}, x \leqslant x$.

(2) 反对称性: $\forall (x,y) \in \mathbb{R}^2$, $((x \leqslant y) \wedge (y \leqslant x) \Rightarrow x = y)$.

(3) 传递性: $\forall (x,y,z) \in \mathbb{R}^3$, $((x \leqslant y) \wedge (y \leqslant z) \Rightarrow x \leqslant z)$.

(4) 全序性: $\forall (x,y) \in \mathbb{R}^2$, $(x \leqslant y) \vee (y \leqslant x)$, 因此关系 $\leqslant$ 是 $\mathbb{R}$ 上的一个全序关系.

定理 4.1.1　$\mathbb{R}$ 上的序关系 $\leqslant$ 满足如下性质:

(1) $\leqslant$ 与加法相容, 即 $\forall x, y, z \in \mathbb{R}, (x \leqslant y \Rightarrow x + z \leqslant y + z)$.

(2) $\leqslant$ 与乘非负实数的运算相容, 即 $\forall x, y, z \in \mathbb{R}$, $((0 \leqslant z) \wedge (x \leqslant y) \Rightarrow xz \leqslant yz)$.

证明: (1) 若 $x \leqslant y$, 则 $x - y \in \mathbb{R}_-$, 而 $(x+z)-(y+z) = x-y$. 故 $(x+z)-(y+z) \in \mathbb{R}_-$, 即 $x + z \leqslant y + z$.

(2) 若 $0 \leqslant z$ 且 $x \leqslant y$, 则 $x - y \in \mathbb{R}_-$, 故 $(x-y)z \in \mathbb{R}_-$, 即 $xz \leqslant yz$.

注 4.1.1　若 $z \leqslant 0$, 则 $z(x-y) \in \mathbb{R}_+$, 故 $yz \leqslant xz$.

推论 4.1.1　(1) 若 $x \leqslant y$ 且 $a \leqslant b$, 则 $x + a \leqslant y + b$.

(2) 若 $0 \leqslant x \leqslant y$ 且 $0 \leqslant a \leqslant b$, 则 $xa \leqslant yb$.

§4.2　上确界、下确界

定义 4.2.1　设 I 是 $\mathbb{R}$ 的非空子集, $a \in \mathbb{R}$.

(1) 如果 $\forall x \in I$, $x \leqslant a$, 则称 I 以 a 为上界 (或 a 是 I 的一个上界).

(2) 如果 $\forall x \in I$, $x \geqslant a$, 则称 I 以 a 为下界 (或 a 是 I 的一个下界).

(3) 如果 I 既有上界又有下界, 即存在 $m, M \in \mathbb{R}$, 满足对于任意的 $x \in I, m \leqslant x \leqslant M$, 则称 I 是有界集.

注 4.2.1　规定任意实数都既是 $\varnothing$ 的上界也是 $\varnothing$ 的下界.

例 4.2.1　(1) 设 $I=\left\{\dfrac{x^2}{1+x^2}|x\in\mathbb{R}\right\}$, 则 I 有界 (0 为一个下界, 1 为一个上界).

(2) 设 $I=\left\{\dfrac{x^2}{1+|x|}|x\in\mathbb{R}\right\}$, 则 0 为 I 的一个下界, I 没有上界.

注 4.2.2　设 I 是 $\mathbb{R}$ 的非空子集.

(1) I无上界 $\Leftrightarrow \forall M\in\mathbb{R},\exists x\in I, x>M$.

(2) I无下界 $\Leftrightarrow \forall M\in\mathbb{R},\exists x\in I, x<M$.

(3) I有界 $\Leftrightarrow \exists M\in\mathbb{R},\forall x\in I, |x|\leqslant M$.

定义 4.2.2　设 I 是 $\mathbb{R}$ 的非空子集. 如果 I 的上界的集合非空且存在最小元, 则这个最小元称为 I 的上确界 (la borne supérieure), 记为 $\sup(I)$. 故 I 的上确界 (如果存在的话) 就是最小的上界. 如果 I 的下界的集合非空且存在最大元, 则这个最大元称为 I 的下确界 (la borne inférieure), 记为 $\inf(I)$. 故 I 的下确界 (如果存在的话) 就是最大的下界.

例 4.2.2　(1) 设 $I=]0,1]$, 则 I 的上界的集合是 $[1,+\infty[$, 它有最小元 1, 故 $\sup(I)=1$; I 的下界的集合是 $]-\infty,0]$, 它有最大元 0, 故 $\inf(I)=0$.

(2) 设 $I=]1,+\infty[$, 则 I 的上界的集合是 $\varnothing$, 故 I 没有上确界; I 的下界的集合是$]-\infty,1]$, 它有最大元 1, 故 $\inf(I)=1$.

注 4.2.3　设 I 是 $\mathbb{R}$ 的非空子集, 则 I 的上确界和下确界不一定属于 I.

下面的定理是最值和确界的关系.

定理 4.2.1　设 I 是 $\mathbb{R}$ 的非空子集, $a\in\mathbb{R}$, 则

(1) $a=\min(I)\Leftrightarrow (a\in I$且$a=\inf(I))$.

(2) $a=\max(I)\Leftrightarrow (a\in I$且$a=\sup(I))$.

证明: 留作练习.

下面这个定理, 承认即可, 不给予证明.

定理 4.2.2　(上确界原理、$\mathbb{R}$ 的基本性质)　$\mathbb{R}$ 的所有有上界的非空子集都有上确界.

推论 4.2.1　(下确界原理)　$\mathbb{R}$ 的所有有下界的非空子集都有下确界.

证明: 设 I 是 $\mathbb{R}$ 的非空子集, 且 $m\in\mathbb{R}$ 是 I 的一个下界, 则集合 $-I=\{-a|a\in I\}$ 是 $\mathbb{R}$ 的非空子集, 且 $-m$ 是 $-I$ 的一个上界. 根据定理 4.2.2 知, $-I$ 有上确界, 记为 M. 从而 $-I$ 的上界的集合是 $[M,+\infty[$, 进而推出 I 的下界的集合是 $]-\infty,-M]$. 故 I 有下确界 $-M$, 即 $\inf(I)=-\sup(-I)$.

定理 4.2.3　设 I 是 $\mathbb{R}$ 的非空子集, $a\in\mathbb{R}$.

(1) 若 I 有上界, 则

$$a=\sup(I)\quad\Leftrightarrow\quad\begin{cases}\forall x\in I, x\leqslant a\\ \forall\varepsilon>0,\exists x\in I, a-\varepsilon<x\end{cases}$$

(2) 若 I 有下界, 则

$$a=\inf(I) \quad \Leftrightarrow \quad \begin{cases} \forall x\in I, a\leqslant x \\ \forall \varepsilon>0, \exists x\in I, x<a+\varepsilon \end{cases}$$

证明: 只证明 (1), 对于 (2) 同理可证.

因为 I 是 $\mathbb{R}$ 的非空有上界的子集, 所以 I 有上确界.

• 假设 $a=\sup(I)$, 则对于任意的 $x\in I, x\leqslant a$.

设 $\varepsilon>0$, 并假设对于任意的 $x\in I, x\leqslant a-\varepsilon$, 则 $a-\varepsilon$ 是 I 的一个上界. 而 $a-\varepsilon<a$, 从而 a 不是 I 的上确界. 故, 存在 $x\in I$, 满足 $a-\varepsilon<x$.

• 反之, 假设 a 满足①: $\forall x\in I, x\leqslant a$; ②: $\forall\varepsilon>0, \exists x\in I, a-\varepsilon<x$.

由①知, a 是 I 的一个上界. 设 $a'\in\mathbb{R}$ 且 $a'=\sup(I)$, 并假设 $a'\neq a$, 则 $a'<a$. 另设 $\varepsilon=\frac{a-a'}{2}>0$, 则

$$\exists x\in I, a-\varepsilon=a-\frac{a-a'}{2}=\frac{a+a'}{2}<x$$

于是, $a'=\dfrac{a'+a'}{2}<\dfrac{a+a'}{2}<x$, 从而 a' 不是 I 的上确界. 矛盾. 所以, $a=a'$.

注 4.2.4 定理中严格小于可以替换为小于等于, 事实上:

$$\forall\varepsilon>0, \exists x\in I, a-\varepsilon\leqslant x \Leftrightarrow \forall\varepsilon>0, \exists x\in I, a-\varepsilon<x$$

例 4.2.3 (1) $\mathbb{Z}$ 是 $\mathbb{R}$ 的非空子集, 但是 $\mathbb{Z}$ 既没有上确界也没有下确界.

(2) 设 A, B 是 $\mathbb{R}$ 的两个有界非空子集且 $A\subset B$. 证明: $\inf(B)\leqslant\inf(A)$ 且 $\sup(A)\leqslant\sup(B)$.

证明: 设 A, B 是 $\mathbb{R}$ 的两个有界非空子集, 故 $\inf(A), \sup(A), \inf(B), \sup(B)$ 都存在. 又因为 $A\subset B$, 所以 $\forall x\in A, x\in B$, 从而 $\forall x\in A, \inf(B)\leqslant x\leqslant\sup(B)$.

• 因此, $\inf(B)$ 是 A 的一个下界. 由于 $\inf(A)$ 是 A 的最大下界, 因此 $\inf(B)\leqslant\inf(A)$.

• 同理, $\sup(B)$ 是 A 的一个上界. 由于 $\sup(A)$ 是 A 的最小上界, 因此 $\sup(A)\leqslant\sup(B)$.

(3) 设 A, B 是 $\mathbb{R}$ 的两个有界非空子集, 集合 $A+B=\{a+b|a\in A, b\in B\}$. 证明: $\sup(A+B)=\sup(A)+\sup(B)$, $\inf(A+B)=\inf(A)+\inf(B)$.

证明: 只证明第一个等式, 第二个等式同理可证.

由于 $A, B, A+B$ 都是 $\mathbb{R}$ 的非空有界子集, 故其上下确界都存在.

一方面, $\forall a\in A, \forall b\in B, a+b\leqslant\sup(A)+\sup(B)$, 从而 $\sup(A+B)\leqslant\sup(A)+\sup(B)$.

另一方面, 设 $b \in B$, 则

$$\forall a \in A, a + b \leqslant \sup(A+B)$$

即

$$\forall a \in A, a \leqslant \sup(A+B) - b$$

从而 $\sup(A+B) - b$ 是 A 的一个上界. 故 $\sup(A) \leqslant \sup(A+B) - b$, 进而 $b \leqslant \sup(A+B) - \sup(A)$. 由于 b 是从 B 中任取的, 因此 $\sup(A+B) - \sup(A)$ 是 B 的一个上界. 故 $\sup(B) \leqslant \sup(A+B) - \sup(A)$. 所以 $\sup(A) + \sup(B) \leqslant \sup(A+B)$.

综上可知, $\sup(A+B) = \sup(A) + \sup(B)$.

(4) 记 $I = \{x \in \mathbb{Q} | x^2 \leqslant 2\}$. 证明 I 在 $\mathbb{R}$ 上存在上确界, 并证明该上确界不是有理数.

证明: 因为 $1 \in I$, 所以 I 是 $\mathbb{R}$ 的非空子集. 又因为 $\forall x \in I, x^2 \leqslant 4 < 9$, 所以 3 是 I 的一个上界. 故 I 存在上确界.

设 $a \in \mathbb{R}$ 是 I 的上确界, 则 $a \geqslant 1$. 假设 $a \in \mathbb{Q}$.

• 假设 $a^2 > 2$, 并设 $h = \dfrac{a^2-2}{2a} > 0$, 则 $a - h \in \mathbb{Q}_+^*$ 且

$$(a-h)^2 = a^2 - 2ah + h^2 > a^2 - 2ah = a^2 - (a^2 - 2) = 2$$

故 $a - h$ 是 I 的一个上界, 而 $a - h < a$, 不可能!

• 假设 $a^2 < 2$, 并设 $h = \min\left\{\dfrac{2-a^2}{2a+1}, 1\right\}$, 则 $a + h \in \mathbb{Q}_+^*$ 且

$$(a+h)^2 = a^2 + 2ah + h^2 \leqslant a^2 + 2ah + h = a^2 + (2a+1)h \leqslant a^2 - (a^2 - 2) = 2$$

故 $a + h \in I$, 而 $a + h > a$, 不可能!

综上可知, I 的上确界不是有理数.

事实上, I 的上确界是 $\sqrt{2}$.

§4.3　实数集的扩充

在实数集的基础上增加两个元素: $+\infty$ 和 $-\infty$, 它们不是实数.

定义 4.3.1　记 $\overline{\mathbb{R}} = \mathbb{R} \cup \{-\infty, +\infty\}$, 称 $\overline{\mathbb{R}}$ 为实数集 $\mathbb{R}$ 的扩充, 读作完善的数轴 (droite numérique achevée).

将 $\mathbb{R}$ 上的序关系 "$\leqslant$" 按照如下方式扩充到扩充到 $\overline{\mathbb{R}}$ 上: $\forall x \in \mathbb{R}, x \leqslant +\infty; \forall x \in \mathbb{R}, -\infty \leqslant x$, 则 $(\overline{\mathbb{R}}, \leqslant)$ 是一个全序集, 并且有最小元 $-\infty$ 和最大元 $+\infty$.

在 $\overline{\mathbb{R}}$ 上定义如下运算:

(1) $\forall x \in \mathbb{R}, (+\infty) + x = x + (+\infty) = +\infty$.

(2) $\forall x \in \mathbb{R}, (-\infty) + x = x + (-\infty) = -\infty$.

(3) $(+\infty) + (+\infty) = +\infty$.

(4) $(-\infty) + (-\infty) = -\infty$.

(5) $(+\infty)(+\infty) = +\infty$, $(-\infty)(-\infty) = +\infty$, $(+\infty)(-\infty) = (-\infty)(+\infty) = -\infty$.

(6) $\forall x \in \mathbb{R}_+^*, x(+\infty) = (+\infty)x = +\infty$, $x(-\infty) = (-\infty)x = -\infty$.

(7) $\forall x \in \mathbb{R}_-^*, x(+\infty) = (+\infty)x = -\infty$, $x(-\infty) = (-\infty)x = +\infty$.

注 4.3.1　上述定义中没有定义 $0 \cdot (\pm\infty)$ 和 $(-\infty) + (+\infty)$, 后续将在学习极限时具体了解.

定理 4.3.1　实数集 $\mathbb{R}$ 的任意非空子集在 $\overline{\mathbb{R}}$ 中既有上确界又有下确界.

证明:　设 A 是 $\mathbb{R}$ 的非空子集. 若 A 在 $\mathbb{R}$ 中有上界, 则存在一个实数上确界 ($\mathbb{R}$ 的基本性质). 若 A 在 $\mathbb{R}$ 中没有上界, 则在 $\overline{\mathbb{R}}$ 中其上界的集合为 $\{+\infty\}$, 从而 A 在 $\overline{\mathbb{R}}$ 中有上确界, 为 $+\infty$. 同理可证 A 在 $\overline{\mathbb{R}}$ 中有下确界.

§4.4　区　间

定义 4.4.1　设 I 是 $\mathbb{R}$ 的一个非空子集, 称 I 是 $\mathbb{R}$ 的一个区间 (intervalle) 当且仅当 I 是 $\mathbb{R}$ 的凸子集, 即

$$\forall x, y \in I, \forall z \in \mathbb{R}, x \leqslant z \leqslant y \Rightarrow z \in I.$$

规定: $\varnothing$ 是 $\mathbb{R}$ 的一个区间.

例 4.4.1　(1) $\mathbb{Z}$ 不是 $\mathbb{R}$ 的区间, 因为 $1, 2 \in \mathbb{Z}$, 但是 $\frac{3}{2} \notin \mathbb{Z}$.

(2) $\mathbb{Q}$ 不是 $\mathbb{R}$ 的区间, 因为 $1, 2 \in \mathbb{Q}$, 但是 $\sqrt{2} \notin \mathbb{Q}$.

(3) 集合 $A = \{x \in \mathbb{R} | -1 \leqslant x < 1\}$ 是 $\mathbb{R}$ 的一个区间.

注 4.4.1　区间的符号: 设 I 是 $\mathbb{R}$ 的一个非空区间, 记 $a = \inf(I) \in \overline{\mathbb{R}}, b = \sup(I) \in \overline{\mathbb{R}}$. 根据不同情况, I 可以直接由符号表 4.1 表示:

表 4.1　符号表

a 的取值	b 的取值		
	$b \in I$	$b \in \mathbb{R} \setminus I$	$b = +\infty$
$a \in I$	$[a, b]$	$[a, b[$	$[a, +\infty[$
$a \in \mathbb{R} \setminus I$	$]a, b]$	$]a, b[$	$]a, +\infty[$
$a = -\infty$	$]-\infty, b]$	$]-\infty, b[$	$]-\infty, +\infty[$

称形如 $]a, b[$ 的区间为开区间, $[a, b]$ 为闭区间, $[a, b[(a, b \in \mathbb{R})$ 为左闭右开区间, $]a, b]$ 为左开右闭区间.

定理 4.4.1　$\mathbb{R}$ 的区间具有如下性质:

(1) 设 I, J 是 $\mathbb{R}$ 的两个区间, 则 $I \cap J$ 也是 $\mathbb{R}$ 的区间.

(2) 设 I, J 是 $\mathbb{R}$ 的两个区间且 $I \cap J \neq \varnothing$, 则 $I \cup J$ 也是 $\mathbb{R}$ 的区间.

证明: (1) 设 I, J 是 $\mathbb{R}$ 的两个区间, $K = I \cap J$. 若 $K = \varnothing$, 则 K 是 $\mathbb{R}$ 的一个区间.

若 $K \neq \varnothing$, 设 $x, y \in K, z \in \mathbb{R}$ 且满足 $x \leqslant z \leqslant y$. 由于 I 是一个区间, 且 $x, y \in I$, 故 $z \in I$, 同理 $z \in J$. 从而 $z \in K$. 故 K 是 $\mathbb{R}$ 的一个区间.

(2) 设 I, J 是 $\mathbb{R}$ 的两个区间, 且 $I \cap J \neq \varnothing$, $K = I \cup J$, 则 $K \neq \varnothing$.

设 $x, y \in K, z \in \mathbb{R}$ 且满足 $x \leqslant z \leqslant y$.

若 $x, y \in I$, 则 $z \in I$, 从而 $z \in K$.

同理, 若 $x, y \in J$, 则 $z \in J$, 从而 $z \in K$.

若 $x \in I, y \in J$, 设 $t \in I \cap J$. 若 $z \leqslant t$, 则 $x \leqslant z \leqslant t$, 从而 $z \in I \subset K$. 若 $t \leqslant z$, 则 $t \leqslant z \leqslant y$, 从而 $z \in J \subset K$.

故, K 是 $\mathbb{R}$ 的一个区间.

§4.5　邻　域

定义 4.5.1　设 $a \in \mathbb{R}$, 所有形如 $]a-\varepsilon, a+\varepsilon[$ (其中 $\varepsilon > 0$) 的开区间称为 a 的一个邻域 (voisinage), 也称为以 a 为中心、以 ε 为半径的开区间; 所有形如 $]b, +\infty[(b \in \mathbb{R})$ 的开区间称为 $+\infty$ 的一个邻域; 所有形如 $]-\infty, b[(b \in \mathbb{R})$ 的开区间称为 $-\infty$ 的一个邻域.

定理 4.5.1　(1) 设 $x \in \overline{\mathbb{R}}$, V_1, V_2 是 x 的两个邻域, 则 $V_1 \cap V_2$ 也是 x 的一个邻域.

(2) 设 $x, y \in \overline{\mathbb{R}}$ 且 $x \neq y$, 则存在 x 的邻域 V 和 y 的邻域 V' 满足 $V \cap V' = \varnothing$.

证明: (1) 设 $x \in \overline{\mathbb{R}}$, V_1, V_2 是 x 的两个邻域.

• 若 $x \in \mathbb{R}$, 则存在 $\varepsilon, \varepsilon' > 0$ 使得 $V_1 =]x-\varepsilon, x+\varepsilon[, V_2 =]x-\varepsilon', x+\varepsilon'[$. 记 $\varepsilon'' = \min\{\varepsilon, \varepsilon'\}$, 则 $V_1 \cap V_2 =]x-\varepsilon'', x+\varepsilon''[$, 从而 $V_1 \cap V_2$ 是 x 的邻域.

• 若 $x = +\infty$, 则存在 $a, b \in \mathbb{R}$ 使得 $V_1 =]a, +\infty[, V_2 =]b, +\infty[$. 记 $c = \max\{a, b\}$, 则 $V_1 \cap V_2 =]c, +\infty[$, 从而 $V_1 \cap V_2$ 是 x 的邻域.

• 若 $x = -\infty$, 则存在 $a, b \in \mathbb{R}$ 使得 $V_1 =]-\infty, a[, V_2 =]-\infty, b[$. 记 $c = \min\{a, b\}$, 则 $V_1 \cap V_2 =]-\infty, c[$, 从而 $V_1 \cap V_2$ 是 x 的邻域.

(2) 设 $x, y \in \overline{\mathbb{R}}$ 且 $x \neq y$.

• 若 $x, y \in \mathbb{R}$ 且设 $x < y$. 记 $\varepsilon = \dfrac{y-x}{2}$. 则 $V =]x-\varepsilon, x+\varepsilon[$ 和 $V' =]y-\varepsilon, y+\varepsilon[$ 分别是 x 和 y 的邻域且 $V \cap V' = \varnothing$.

• 若 $x \in \mathbb{R}, y = +\infty$, 设 $\varepsilon > 0$, 取 $V =]x-\varepsilon, x+\varepsilon[$ 和 $V' =]x+\varepsilon, +\infty[$, 则 $V \cap V' = \varnothing$.

• 若 $x = -\infty, y \in \mathbb{R}$, 设 $\varepsilon > 0$, 取 $V =]-\infty, y-\varepsilon[$ 和 $V' =]y-\varepsilon, y+\varepsilon[$, 则 $V \cap V' = \varnothing$.

• 若 $x=-\infty, y=+\infty$, 设 $a, b \in \mathbb{R}$ 且 $a<b$, 取 $V=]-\infty, a[$ 和 $V'=]b,+\infty[$, 则 $V \cap V'=\varnothing$.

定理 4.5.2 设 $I \subset \mathbb{R}$ 是一个非空开区间, 则对于任意的 $a \in I$, 存在 a 的一个邻域 V 满足 $V \subset I$.

证明: 设 $a \in I$, $\alpha=\inf(I) \in \overline{\mathbb{R}}, \beta=\sup(I) \in \overline{\mathbb{R}}$, 则 $I=]\alpha, \beta[$.

• 若 $\alpha, \beta \in \mathbb{R}$, 记 $\varepsilon=\min\{a-\alpha, \beta-a\}$, 则 $V=]a-\varepsilon, a+\varepsilon[\subset I$.

• 若 $\alpha=-\infty, \beta \in \mathbb{R}$, 记 $\varepsilon=\beta-a$, 则 $V=]a-\varepsilon, a+\varepsilon[\subset I$.

• 若 $\alpha \in \mathbb{R}, \beta=+\infty$, 记 $\varepsilon=a-\alpha$, 则 $V=]a-\varepsilon, a+\varepsilon[\subset I$.

注 4.5.1 定理 4.5.2 中, a 的邻域 V 可以替换为以 a 为中心、以 ε 为半径的闭区间 $[a-\varepsilon, a+\varepsilon]$.

§4.6 绝对值

设 $x \in \mathbb{R}$, 因为 $\mathbb{R}$ 是全序集, 则 x 与 $-x$ 这两个实数是可以比较大小的. 于是可以给出如下定义:

定义 4.6.1 设 $x \in \mathbb{R}$, x 的绝对值 (valer absolue) 记为 $|x|$, 它由如下关系定义: $|x|=\max\{x,-x\}$, 即

$$|x|=\begin{cases} x, & x \geqslant 0 \\ -x, & x<0 \end{cases}$$

实数集 $\mathbb{R}$ 可以在数轴上表示出来, 也就是可以看作是一条赋予了标架 $(O, \vec{i})$ 的直线, 实数就是这条直线上的点的坐标. 若 $A(a), B(b)$ 是这条直线上的两个点, 则非负实数 $|b-a|$ 表示 A 与 B 之间的距离. 特别地, $|x|$ 表示原点到以 x 为坐标的点的距离.

定理 4.6.1 设 $x, y \in \mathbb{R}$, 则

(1) $|x| \in \mathbb{R}_{+}$, $|x|=|-x|$, $x \leqslant |x|$, $-x \leqslant |x|$.

(2) $|x|=0 \Leftrightarrow x=0$.

(3) $|xy|=|x||y|$; 若 $x \neq 0$, 则 $\left|\dfrac{1}{x}\right|=\dfrac{1}{|x|}$.

(4) **三角不等式:** $||x|-|y|| \leqslant |x \pm y| \leqslant |x|+|y|$.

证明: 留作练习.

绝对值与不等式: (常用不等式) 设 $a, b, x \in \mathbb{R}$ 且 $b \geqslant 0$, 则

(1) $|a| \leqslant b \Leftrightarrow (a \leqslant b \wedge -b \leqslant a) \Leftrightarrow -b \leqslant a \leqslant b$.

(2) $|a| \geqslant b \Leftrightarrow (a \geqslant b \vee -b \geqslant a)$.

(3) $|a-x| \leqslant b \Leftrightarrow -b \leqslant a-x \leqslant b \Leftrightarrow a-b \leqslant x \leqslant a+b$.

(4) $|a-x| \geqslant b \Leftrightarrow (x \geqslant a+b \vee x \leqslant a-b)$.

定义 4.6.2　设 $a \in \mathbb{R}, \varepsilon > 0$. 称区间 $]a-\varepsilon, a+\varepsilon[$ 为以 a 为中心、以 ε 为半径的开区间, 此时 $]a-\varepsilon, a+\varepsilon[=\{x \in \mathbb{R} \| x-a| < \varepsilon\}$. 同样地, 可以定义以 a 为中心、以 ε 为半径的闭区间 $[a-\varepsilon, a+\varepsilon]=\{x \in \mathbb{R} \| x-a| \leqslant \varepsilon\}$.

回忆: 开区间是形如 $]a, b[,]a, +\infty[,]-\infty, b[$ 的区间, 且 $\varnothing$ 和 $\mathbb{R}$ 都是开区间.

§4.7　实数集的阿基米德性质

定理 4.7.1　集合 $\mathbb{R}$ 具有阿基米德 (Archimédien) 性质, 即

$$\forall x, y \in \mathbb{R}_+^*, \exists n \in \mathbb{N}^*, x \leqslant ny$$

证明: 设 $x, y \in \mathbb{R}_+^*$, 并假设 $\forall n \in \mathbb{N}^*, x > ny$. 又设 $A=\{ny | n \in \mathbb{N}^*\}$, 则 $y \in A$, 从而 $A \neq \varnothing$. 而且 A 以 x 为上界. 故 A 有上确界, 记为 b. 于是有

$$\forall n \in \mathbb{N}^*, (n+1)y \leqslant b$$

即 $ny \leqslant b-y$

因此, $b-y$ 是 A 的一个上界. 而 $b-y<b$ 这不可能!

注 4.7.1　(1) 定理 4.7.1 中的“$\leqslant$”可以替换为“$<$”.

(2) 定理 4.7.1 等价于:

- $\forall c>0, \exists n \in \mathbb{N}^*, n \geqslant c$.
- $\forall \varepsilon>0, \exists n \in \mathbb{N}^*, \dfrac{1}{n} \leqslant \varepsilon$.
- 若 $x \in \mathbb{R}$ 满足 $\forall n \in \mathbb{N}^*, 0 \leqslant x \leqslant \dfrac{1}{n}$, 则 $x=0$.
- $\mathbb{N}$ 无上界.

§4.8　实数的整数部分

定理 4.8.1　($\mathbb{N}$ 的基本性质)　非空自然数集有最小值.

定理 4.8.2　设 $x \in \mathbb{R}$, 则存在唯一的 $n \in \mathbb{Z}$ 使得 $n \leqslant x < n+1$. 称这个整数 n 为 x 的整数部分 (partie entière), 记为 $E(x)$ 或 $[x]$.

证明: 设 $x \in \mathbb{R}$.

- 存在性. 若 $x=0$, 只须取 $n=0$.

若 $x>0$. 设 $A=\{n \in \mathbb{N} | x<n+1\}$, 则 A 是 $\mathbb{N}$ 的非空子集 (由 $\mathbb{R}$ 的阿基米德性质). 故 A 有最小元, 记为 n_0($\mathbb{N}$ 的基本性质), 从而有 $x<n_0+1$. 若 $n_0>x$, 则 $n_0>0$ 且 $n_0-1 \in A$, 与 n_0 是 A 的最小元矛盾. 故 $n_0 \leqslant x$.

若 $x<0$. 设 $B=\{n\in\mathbb{N}|-x\leqslant n\}$, 则 B 是 $\mathbb{N}$ 的非空子集. 故 B 有最小元, 记为 n_1. 从而有 $-n_1\leqslant x$ 且 $n_1>0$, 而 $n_1-1\notin B$, 因此 $-x>n_1-1$. 从而有 $-n_1\leqslant x<-n_1+1$.

• 唯一性. 设 $n,n'\in\mathbb{N}$ 满足 $n\leqslant x<n+1$ 且 $n'\leqslant x<n'+1$. 因为 $x-n,x-n'\in[0,1[$, 所以 $|n-n'|=|(x-n)-(x-n')|<1$. 由于 $n,n'\in\mathbb{Z}$, 故 $|n-n'|=0$, 即 $n=n'$.

取整函数的性质: 映射

$$\begin{aligned}\mathbb{R}&\longrightarrow\mathbb{R}\\ x&\longmapsto E(x)\end{aligned}$$

称为取整函数. 该映射具有如下性质:

(1) 取整函数是 $\mathbb{R}$ 上的递增函数, 且它在每个形如 $[n,n+1[,n\in\mathbb{Z}$ 的区间上都是常函数.

(2) 取整函数在每个形如 $]n,n+1[,n\in\mathbb{Z}$ 的区间上都是连续的, 且在 n 点右连续但不左连续.

(3) $\forall x\in\mathbb{R},\forall n\in\mathbb{Z},E(x+n)=E(x)+n$.

(4) 映射 $x\longmapsto x-E(x)$ 是 1− 周期函数.

(5) 设 $x\in\mathbb{R}$, 则 $E(x)\in\mathbb{Z}$ 且 $E(x)\leqslant x<E(x)+1$, 从而 $E(x)$ 是不大于 x 的最大整数, $E(x)+1$ 是大于 x 的最小整数.

§4.9　$\mathbb{Q}$ 在 $\mathbb{R}$ 中的稠密性

定义 4.9.1　设 A 是 $\mathbb{R}$ 的一个非空子集, 称 A 在 $\mathbb{R}$ 中是稠密的 (A est dense dans $\mathbb{R}$) 当且仅当

$$\forall x,y\in\mathbb{R}\text{且}x\neq y,\exists z\in A,z\in]x,y[\text{或}z\in]y,x[$$

定理 4.9.1　*有理数集 $\mathbb{Q}$ 在 $\mathbb{R}$ 中是稠密的, 即对于任意的 $a,b\in\mathbb{R}$ 且 $a<b$, 区间 $]a,b[$ 上都存在有理数.*

证明: 设 $x\in]a,b[$, 令 $\varepsilon=\min\{x-a,b-x\}$. 由 $\mathbb{R}$ 的阿基米德性质知, 存在 $q\in\mathbb{N}^*$ 满足 $1\leqslant q\varepsilon$. 设 $p=E(qx)$, 则 $p\leqslant qx<p+1$. 故设 $r=\dfrac{p}{q}$, 则 r 是有理数且 $r\leqslant x<r+\dfrac{1}{q}\leqslant r+\varepsilon$. 因此, $|x-r|<\varepsilon$. 从而, $r\in]a,b[$.

注 4.9.1　*(1) 这个定理还表示: 任意一个实数都可以找到一个有理数与之接近.*

(2) 定理 4.9.1 的证明提供了一种构造有理数的方法.

定理 4.9.2　*无理数集 $\mathbb{R}\setminus\mathbb{Q}$ 在 $\mathbb{R}$ 中是稠密的, 即对于任意的 $a,b\in\mathbb{R}$ 且 $a<b$, 区间 $]a,b[$ 上都存在无理数.*

证明: 与定理 4.9.1 的证明相似.

设 $x\in]a,b[$, 令 $\varepsilon=\min\{x-a,b-x\}$. 若 $x\in\mathbb{R}\setminus\mathbb{Q}$, 则证毕.

若 $x \in \mathbb{Q}$, 由 $\mathbb{R}$ 的阿基米德性质知, 存在 $n \in \mathbb{N}^*$ 满足 $\sqrt{2} < n\varepsilon$. 记 $y = x + \dfrac{\sqrt{2}}{n}$, 则 $y \in \mathbb{R} \setminus \mathbb{Q}$ 且 $|x-y| = \dfrac{\sqrt{2}}{n} < \varepsilon$. 故, $y \in]a, b[$.

习　题

1. Calculer $(\sqrt{2}^{\sqrt{2}})^{\sqrt{2}}$. En déduire l'existence d'irrationnels $a, b > 0$ tels que a^b soit rationnels.

计算 $(\sqrt{2}^{\sqrt{2}})^{\sqrt{2}}$. 由此例出发, 推出存在无理数 $a, b > 0$ 使得 a^b 是有理数.

2. Soient $x, y \in \mathbb{Q}_+$ tel que $\sqrt{x}$ et $\sqrt{y}$ soient irrationnels. Montrer que $\sqrt{x} + \sqrt{y}$ est irrationnel.

设 $x, y \in \mathbb{Q}_+$ 满足 $\sqrt{x}$ 和 $\sqrt{y}$ 都是无理数, 证明 $\sqrt{x} + \sqrt{y}$ 也是无理数.

3. (1) Soient a, b, c et d des nombres réels tels que $a^2 + b^2 + c^2 + d^2 = ab + bc + cd + da$. Montrer que $a = b = c = d$.

设 a, b, c 和 d 是实数且满足 $a^2 + b^2 + c^2 + d^2 = ab + bc + cd + da$, 证明:$a = b = c = d$.

(2) Soient $a, b \in \mathbb{R}$ avec $0 \leqslant b \leqslant a$. Simplifier $\sqrt{a + 2\sqrt{b(a-b)}} + \sqrt{a - 2\sqrt{b(a-b)}}$.

设 $a, b \in \mathbb{R}$, 其中 $0 \leqslant b \leqslant a$. 将 $\sqrt{a + 2\sqrt{b(a-b)}} + \sqrt{a - 2\sqrt{b(a-b)}}$ 化至最简.

4. Soient $n \in \mathbb{N}^*$ et $x_1, x_2, \cdots, x_n \in [-1, 1]$ tels que $\sum\limits_{k=1}^{n} x_k = 0$. On veut montrer **l'inégalité de Laframboise**: $|x_1 + 2x_2 + \cdots + nx_n| \leqslant \left[\dfrac{n^2}{4}\right]$. On pose $S = \sum\limits_{k=1}^{n} kx_k$ et $S_k = \sum\limits_{i=1}^{k} x_i$. Enfin, on pose $p = [\dfrac{n}{2}]$.

设 $n \in \mathbb{N}^*$,$x_1, x_2, \cdots, x_n \in [-1, 1]$ 满足 $\sum\limits_{k=1}^{n} x_k = 0$. 证明 **Laframboise** 不等式: $|x_1 + 2x_2 + \cdots + nx_n| \leqslant [\dfrac{n^2}{4}]$ 成立.

为此, 设 $S = \sum\limits_{k=1}^{n} kx_k$, $S_k = \sum\limits_{i=1}^{k} x_i$, $p = \left[\dfrac{n}{2}\right]$.

(1)Montrer que $S = -\sum\limits_{k=1}^{n-1} S_k$.

证明: $S = -\sum\limits_{k=1}^{n-1} S_k$.

(2) Montrer que $\forall k \in [\![1, n-1]\!], |S_k| \leqslant n - k$.

证明: $\forall k \in [\![1, n-1]\!], |S_k| \leqslant n - k$.

(3) Montrer que $|S| \leqslant \sum\limits_{k=1}^{p} k + \sum\limits_{k=1}^{n-p-1} k$.

证明: $|S| \leqslant \sum\limits_{k=1}^{p} k + \sum\limits_{k=1}^{n-p-1} k$.

(4) En déduire l'inégalité annoncée.

得到本题最终结论, 即 **Laframboise** 不等式.

5. Soient A et B deux parties non vides et bornées de $\mathbb{R}$, On note:

$$-A = \{-x|x \in A\},\ \ A+B = \{x+y|x \in A, y \in B\},\ \ AB = \{xy|x \in A, y \in B\}$$

设 A 和 B 是 $\mathbb{R}$ 的两个非空有界子集, 记

$$-A = \{-x|x \in A\},\ \ A+B = \{x+y|x \in A, y \in B\},\ \ AB = \{xy|x \in A, y \in B\}$$

(1) Montrer que $\sup(-A) = -\inf(A)$.

证明: $\sup(-A) = -\inf(A)$.

(2) Montrer que $\sup(A+B) = \sup(A) + \sup(B)$.

证明: $\sup(A+B) = \sup(A) + \sup(B)$.

(3) A-t-on $\sup(AB) = \sup(A)\sup(B)$?

是否有 $\sup(AB) = \sup(A)\sup(B)$?

6. (1) Soient A et B deux parties de $\mathbb{R}$ avec A borné et $B \subset A$. Montrer que B est borné et comparer les bornes supérieures et inférieures de ces ensembles.

设 A 和 B 是 $\mathbb{R}$ 的两个子集且 A 有界,$B \subset A$. 证明 B 是有界集, 然后比较这两个集合的上下确界的大小关系.

(2) Soit A une partie de $\mathbb{R}$, non vide et majorée. On suppose que $\sup(A) > 0$. Montrer qu'il existe un élément de A strictement positif.

设 A 是 $\mathbb{R}$ 的非空有上界子集且 $\sup(A) > 0$. 证明 A 中存在严格大于零的元素.

(3)Soient A et B deux parties de $\mathbb{R}$, non vides, telles que $\forall (a,b) \in A \times B$, $a \leqslant b$. Montrer que A a une borne supérieure, B a une borne inférieure, et comparer ces deux réels.

设 A 和 B 是 $\mathbb{R}$ 的两个非空子集, 且满足 $\forall (a,b) \in A \times B$, $a \leqslant b$.

证明:A 有上确界,B 有下确界, 并进行比较.

(4) Soit A une partie bornée de $\mathbb{R}$. Montrer que $\sup\limits_{x,y \in A} |x-y| = \sup(A) - \inf(A)$.

设 A 是 $\mathbb{R}$ 的有界子集. 证明: $\sup\limits_{x,y \in A} |x-y| = \sup(A) - \inf(A)$.

7. Soient f et g deux fonctions définies sur un ensemble X, bornées. Montrer que sup $(f+g) \leqslant$ sup $f+$ sup g et inf $(f+g) \geqslant$ inf $f+$ inf g A-t-on égalité en général? Montrer enfin que sup $f+$inf $g \leqslant$sup $(f+g)$.

设 f 和 g 是定义在集合 X 上的两个有界函数, 证明: sup $(f+g) \leqslant$ sup $f+$ sup g 和 inf $(f+g) \geqslant$inf $f+$ inf g.

一般情况下等号是否成立? 然后证明:sup f+inf g ⩽sup $(f+g)$.

8. On pose $D=\{\frac{k}{2^n}|k\in\mathbb{Z},n\in\mathbb{N}\}$. Montrer que D est dense dans $\mathbb{R}$.

设集合 $D=\left\{\frac{k}{2^n}|k\in\mathbb{Z},n\in\mathbb{N}\right\}$. 证明:D 在 $\mathbb{R}$ 中稠密.

9. Petits exercices sur la partie entière.

关于整数部分的小练习.

(1) Soient a et b deux nombres réels. Montrer que $a\leqslant b\Longrightarrow[a]\leqslant[b]$ et $[a]+[b]\leqslant[a+b]\leqslant[a]+[b]+1$.

设 $a,b\in\mathbb{R}$, 证明: $a\leqslant b\Longrightarrow[a]\leqslant[b]$ 且 $[a]+[b]\leqslant[a+b]\leqslant[a]+[b]+1$.

(2) Si $x\in\mathbb{R}$ et $n\in\mathbb{N}^*$, montrer que $[\frac{[nx]}{n}]=[x]$.

若 $x\in\mathbb{R}$, $n\in\mathbb{N}^*$, 证明: $\left[\frac{[nx]}{n}\right]=[x]$.

(3) Montrer que, si m et n sont dans $\mathbb{Z}$, alors $\left[\frac{n+m}{2}\right]+\left[\frac{n-m+1}{2}\right]=n$.

证明: 若 m 和 n 都是整数, 则 $\left[\frac{n+m}{2}\right]+\left[\frac{n-m+1}{2}\right]=n$.

(4) Soit n un entier non nul. Montrer qu’il existe a_n et b_n, entiers non nuls, tels que $(2+\sqrt{3})^n=a_n+b_n\sqrt{3}$ et $3b_n^2=a_n^2-1$. En déduire que $[(2+\sqrt{3})^n]$ est impair.

设 n 是非零自然数, 证明: 存在非零整数 a_n et b_n, 使得 $(2+\sqrt{3})^n=a_n+b_n\sqrt{3}$ 且 $3b_n^2=a_n^2-1$. 然后推出 $[(2+\sqrt{3})^n]$ 是奇数.

10. Soit $f:\mathbb{Q}\to\mathbb{Q}$ telle que $\forall x,y\in\mathbb{Q},f(x+y)=f(x)+f(y)$.

设 $f:\mathbb{Q}\to\mathbb{Q}$ 满足 $\forall x,y\in\mathbb{Q},f(x+y)=f(x)+f(y)$.

(1) On suppose f constante égale C quelle est la valeur de C? On revient au cas général.

设 f 是取常值 C 的函数, 那么 C 的值是?

下面的问题是在一般情况下, 即 f 不一定是常值函数的情况下考虑.

(2)Calculer $f(0)$.

计算 $f(0)$ 的值.

(3) Montrer que $\forall x\in\mathbb{Q},f(-x)=-f(x)$.

证明:$\forall x\in\mathbb{Q},f(-x)=-f(x)$.

(4) Etablir que $\forall n\in\mathbb{N},\forall x\in\mathbb{Q},f(nx)=nf(x)$ et généraliser cette propriété à $n\in\mathbb{Z}$.

证明: $\forall n\in\mathbb{N},\forall x\in\mathbb{Q},f(nx)=nf(x)$, 然后将这一性质推广到 $n\in\mathbb{Z}$.

(5) On pose $a=f(1)$. Montrer que $\forall x\in\mathbb{Q},f(x)=ax$.

设 $a=f(1)$, 证明: $\forall x\in\mathbb{Q},f(x)=ax$.

第 5 章　常用函数

本章将定义数学、物理中最常用的函数, 然后论证其基本性质以及可导性. 假设这些函数是连续的并且具有可导性. 事实上, 这些函数的连续性和可导性将在下学期的学习中进行证明.

本章中, 当提到区间时, 就意味着假定它不能缩小为一个点.

§5.1　对数函数与指数函数

关于映射, 需要先复习两个定义.

定义 5.1.1　(双射)　设 I, J 是两个集合, f 是定义在集合 I 上的映射, 则称 f 是集合 I 到集合 J 的双射, 当且仅当

$$\forall y \in J, \exists! x \in I, f(x) = y$$

也就是说, J 中任意元素都可以唯一地表示为 $f(x)$, 其中 $x \in I$.

在双射定义的基础上, 可以定义反函数.

定义 5.1.2　(反函数)　设 I, J 是实数子集, f 是从 I 到 J 的一个双射, 由如下性质确定的函数 $f^{-1} : J \to I$ 存在且唯一:

$$\forall x \in J, f(f^{-1}(x)) = x$$

该函数称为 f 的反函数.

注 5.1.1　f 的反函数 f^{-1} 还满足 $\forall x \in I, f^{-1}(f(x)) = x$.

定理 5.1.1　设 I, J 是实数集 $\mathbb{R}$ 的两个区间, $f : I \to J$ 可导, $g : J \to \mathbb{R}$ 可导, 则 $g \circ f$ 在 I 上可导且

$$\forall x \in I, (g \circ f)'(x) = g'(f(x))f'(x)$$

§5.1.1　自然对数函数

在复数三角形式的应用中提到: 线性化是为了计算原函数. 下面给出原函数的定义.

定义 5.1.3　(原函数-primitive fonction)　设 I 是一个区间, f 是定义在 I 上的函数. 若存在可导函数 F 满足 $\forall x \in I, F'(x) = f(x)$, 则称 F 为 f 在 I 上的一个原函数.

定义 5.1.4　存在函数 $x \mapsto \dfrac{1}{x}$ 在 $\mathbb{R}_+^*$ 上的、在 1 处取值为 0 的唯一的原函数, 这个函数称为自然对数函数 (le logarithme népérien), 并记为 ln.

定义 5.1.4 足以推出对数函数的所有性质.

定理 5.1.2　(1) $\forall x \in \mathbb{R}_+^*, \ln' x = \dfrac{1}{x}, \ln 1 = 0.$

(2) $\forall x \in \mathbb{R}_+^*, \forall y \in \mathbb{R}_+^*, \ln(xy) = \ln x + \ln y$ 且 $\ln \dfrac{x}{y} = \ln x - \ln y.$

(3) $\forall x \in \mathbb{R}_+^*, \forall n \in \mathbb{N}, \ln x^n = n \ln x.$

(4) ln 是 $\mathbb{R}_+^*$ 上的严格增函数.

(5) $\lim\limits_{x \to +\infty} \ln x = +\infty, \lim\limits_{x \to 0^+} \ln x = -\infty.$

(6) ln 是 $\mathbb{R}_+^*$ 到 $\mathbb{R}$ 的双射.

(7) 设 f 是一个 I 上可导的、取正值的函数, 则函数 $\ln \circ f$ 在 I 上是可导的, 且

$$\forall x \in I, (\ln \circ f)'(x) = \frac{f'(x)}{f(x)}$$

证明: (1) 这是对数函数的定义: 它是 $\mathbb{R}_+^*$ 上的函数 $x \mapsto \dfrac{1}{x}$ 的原函数, 故其导函数是 $x \mapsto \dfrac{1}{x}$ 且它在 1 点为 0.

(2) 选定一个正实数 y, 并定义函数: $\forall x \in \mathbb{R}_+^*, g(x) = \ln(xy) - \ln y$. 故 g 在 $\mathbb{R}_+^*$ 上可导, 因为它是两个可导函数的复合. 根据复合函数的求导定理, 有

$$\forall x \in \mathbb{R}_+^*, g'(x) = y \times \frac{1}{xy} = \frac{1}{x}$$

而且, $g(1) = \ln y - \ln y = 0$. 由于 ln 是唯一的满足这两条性质的函数, 因此 $\forall x \in \mathbb{R}_+^*, \ln x = g(x) = \ln(xy) - \ln y$. 故, $\forall x \in \mathbb{R}_+^*, \ln(xy) = \ln x + \ln y$. 因为 y 是任意选取的, 所以第一条性质满足. 下面要求 $\ln \dfrac{x}{y}$. 为此, 只须证明:

$$\forall x \in \mathbb{R}_+^*, \forall y \in \mathbb{R}_+^*, \ln x = \ln\left(\frac{x}{y} \times y\right) = \ln \frac{x}{y} + \ln y$$

故

$$\forall x \in \mathbb{R}_+^*, \forall y \in \mathbb{R}_+^*, \ln \frac{x}{y} = \ln x - \ln y$$

(3) 第 (2) 条性质说的是积的对数等于对数的和.

由于 x^n 是 n 个 x 的乘积, 故有

$$\forall x \in \mathbb{R}_+^*, \forall n \in \mathbb{N}, \ln(x^n) = \underbrace{\ln x + \cdots + \ln x}_{n\text{个}} = n \ln x$$

(4) 根据第 (1) 条性质, ln 的导函数是函数 $x \mapsto \frac{1}{x}$, 它在 $\mathbb{R}_+^*$ 上是严格正的. 故 ln 在这个区间上是严格增的.

(5) 根据 (4) 以及函数 ln 的值域为 $\mathbb{R}$, 有

$$\lim_{x\to+\infty} \ln x = +\infty, \lim_{x\to 0^+} \ln x = -\infty$$

(6) 根据对数函数严格增的性质, 及其在 0^+ 与 $+\infty$ 的极限, 它是 $\mathbb{R}_+^*$ 到 $\mathbb{R}$ 的双射.

(7) 设 f 是区间 I 上的可导的正值函数. 根据复合函数的导函数的定理知, 函数 $\ln \circ f$ 在 I 上是可导的, 且

$$\forall x \in I, (\ln \circ f)'(x) = f'(x) \ln'(f(x)) = \frac{f'(x)}{f(x)}$$

§5.1.2 自然指数函数

定理 5.1.3 (反函数的导函数定理) 设 I, J 是 $\mathbb{R}$ 的两个区间, $f : I \to J$ 是可导的双射且其导函数在 I 上无零点, 则 f^{-1} 在 J 上可导且

$$\forall x \in J, (f^{-1})'(x) = \frac{1}{f'(f^{-1}(x))}$$

由于对数函数是 $\mathbb{R}_+^*$ 到 $\mathbb{R}$ 的双射. 这个函数有一个反函数, 定义在 $\mathbb{R}$ 上并取值于 $\mathbb{R}_+^*$.

定义 5.1.5 称自然对数函数的反函数为自然指数函数 (l'exponentielle népérienne). 这是定义在 $\mathbb{R}$ 上的, 取正值的函数, 记为 exp.

定理 5.1.4 (1) $\exp 0 = 1$.

(2) 指数函数在 $\mathbb{R}$ 上可导且 $\forall x \in \mathbb{R}, \exp' x = \exp x$.

(3) 指数函数在 $\mathbb{R}$ 上是严格增的, 且 $\lim\limits_{x\to-\infty} \exp x = 0$, $\lim\limits_{x\to+\infty} \exp x = +\infty$.

(4) $\forall x \in \mathbb{R}, \forall y \in \mathbb{R}, \exp(x+y) = \exp x \exp y$ 且 $\exp(x-y) = \dfrac{\exp x}{\exp y}$.

(5) $\forall x \in \mathbb{R}, \forall n \in \mathbb{N}, \exp(nx) = (\exp x)^n$.

证明: (1) 根据自然对数的定义知, $\ln 1 = 0$. 而根据反函数的定义知, $\exp 0$ 是方程 $\ln y = 0$ 的唯一解. 故, $\exp 0 = 1$.

(2) 援引反函数的导函数定理: 由于 ln 在 $\mathbb{R}_+^*$ 可导且其导函数在这个区间上永不为 0, 故 exp 在 $\mathbb{R}$ 上可导, 且

$$\forall x \in \mathbb{R}, \exp' x = \frac{1}{\ln'(\exp x)} = \frac{1}{1/\exp x} = \exp x.$$

(3) 由于函数 exp 值域为 $\mathbb{R}_+^*$, 因此它是取正值的. 故其导函数 (是它本身) 是取正值的. 从而 exp 是严格增的, 且

$$\lim_{x\to-\infty} \exp x = 0, \lim_{x\to+\infty} \exp x = +\infty$$

(4) 设 $x, y \in \mathbb{R}$. 因为 ln 与 exp 互为反函数, 通过令 $x_0 = \exp x, y_0 = \exp y$, 有 $\ln x_0 = x, \ln y_0 = y$. 于是有

$$\exp(x+y) = \exp(\ln x_0 + \ln y_0) = \exp(\ln x_0 y_0) = x_0 y_0 = \exp x \times \exp y$$

这就证明了第①条性质.

对于第②条性质, 根据刚证明的第①条性质可知, $\exp(x-y) \times \exp y = \exp(x-y+y) = \exp x$.
故

$$\exp(x-y) = \frac{\exp x}{\exp y}$$

(5) 已知一个和的指数函数值是和式的每一项的指数函数值的积. 特别地, 若 $x \in \mathbb{R}, n \in \mathbb{N}$, 则

$$\exp(nx) = \exp(\underbrace{x + \cdots + x}_{n个}) = \underbrace{\exp x \times \cdots \times \exp x}_{n个} = (\exp x)^n$$

§5.1.3　以 a 为底的对数函数与指数函数

本小节将给定实数 $a > 0, a \neq 1$. 下面学习以 a 为底的对数函数与指数函数 (logarithmes et exponentielles de base a).

定义 5.1.6　以 a 为底的对数函数, 记为 $\log_a$, 定义为 $\forall x \in \mathbb{R}_+^*, \log_a x = \dfrac{\ln x}{\ln a}$.

函数 $\log_a$ 与自然对数函数成比例. 故除了差个数之外, 它们有同样的性质.

定理 5.1.5　(1) $\forall x \in \mathbb{R}_+^*, \log_a' x = \dfrac{1}{x \ln a}, \log_a 1 = 0$.

(2) $\forall x \in \mathbb{R}_+^*, \forall y \in \mathbb{R}_+^*, \log_a(xy) = \log_a x + \log_a y$, 且 $\log_a \dfrac{x}{y} = \log_a x - \log_a y$.

(3) $\forall x \in \mathbb{R}_+^*, \forall n \in \mathbb{N}, \log_a(x^n) = n \log_a x$.

(4) 若 $a > 1$ 则 $\log_a$ 是 $\mathbb{R}_+^*$ 上的严格增函数, 若 $a < 1$ 则 $\log_a$ 是 $\mathbb{R}_+^*$ 上的严格减函数.

(5) $\lim\limits_{x \to +\infty} \log_a x = \begin{cases} +\infty, & 当 a > 1 \\ -\infty, & 当 a < 1 \end{cases}, \lim\limits_{x \to 0^+} \log_a x = \begin{cases} -\infty, & 当 a > 1 \\ +\infty, & 当 a < 1 \end{cases}$.

(6) $\log_a$ 是 $\mathbb{R}_+^*$ 到 $\mathbb{R}$ 的双射.

证明: 除了第 (4) 条, 所有性质都是对应于自然对数函数的性质的直接推论. 第 (4) 条是关于 $\log_a$ 的变化趋势.
由于自然对数函数是严格增的, 且 $\ln 1 = 0$, 于是有

$$\begin{cases} \ln a > 0, & 当 a > 1 \\ \ln a < 0, & 当 a < 1 \end{cases}$$

故

$$\begin{cases} \log_a 增, & 当 a > 1 \\ \log_a 减, & 当 a < 1 \end{cases}$$

已知 a 的 $n(n \in \mathbb{N})$ 次幂是 n 个 a 相乘, 但还不知道 a^π 或 $a^{\sqrt{2}}$ 的意义. 为了定义这些新的运算, 下面学习函数 $\log_a$ 的反函数.

定义 5.1.7 把 $\log_a$ 的反函数称为以 a 为底的指数函数, 记为 $\exp_a$. 这是定义在 $\mathbb{R}$ 上取值于 $\mathbb{R}_+^*$ 的、满足 $\forall x \in \mathbb{R}, \log_a(\exp_a x) = x$ 的唯一的函数.

定理 5.1.6 (1) $\forall x \in \mathbb{R}, \exp_a x = \exp(x \ln a)$.

(2) $\exp_a 0 = 1, \exp_a 1 = a$.

(3) 函数 $\exp_a$ 在 $\mathbb{R}$ 上可导, 且 $\forall x \in \mathbb{R}, \exp'_a x = \ln a \times \exp_a x$.

(4) 若 $a > 1 (a < 1)$, 函数 $\exp_a$ 在 $\mathbb{R}$ 上严格增 (严格减), 并且

$$\lim_{x \to +\infty} \exp_a x = \begin{cases} +\infty, & 当 a > 1 \\ 0 & 当 a < 1 \end{cases}, \quad \lim_{x \to -\infty} \exp_a x = \begin{cases} 0, & 当 a > 1 \\ +\infty & 当 a < 1 \end{cases}$$

(5) $\forall x \in \mathbb{R}, \forall y \in \mathbb{R}, \exp_a(x+y) = \exp_a x \times \exp_a y, \exp_a(x-y) = \dfrac{\exp_a x}{\exp_a y}$.

(6) $\forall x \in \mathbb{R}, \forall n \in \mathbb{N}, \exp_a(nx) = (\exp_a x)^n$.

证明: 一旦第 (1) 个结论成立, 利用自然指数函数的性质和极限的四则运算定理可知, 其他几个结论都是它的直接推论. 因此, 设 $x \in \mathbb{R}$, 根据**定义 5.1.2**和**定义 5.1.5** 有

$$x = \log_a(\exp_a x) = \frac{\ln(\exp_a x)}{\ln a}$$

故

$$\ln(\exp_a x) = x \ln a, \exp_a x = \exp(x \ln a)$$

于是利用性质 (2) 和 (6) 可以证明

$$\forall n \in \mathbb{N}, \exp_a n = (\exp_a 1)^n = a^n$$

即 $\exp_a$ 定义在整个 $\mathbb{R}$ 上且可取 a 的整数 (自然数) 次幂, 故很自然地有如下定义.

定义 5.1.8 设 $a > 0$ 且 $a \neq 1$, 设 $x \in \mathbb{R}$, 则 a 的 x 次幂定义为表达式 $\exp_a x = \exp(x \ln a)$, 记为 $a^x = \exp_a x = \exp(x \ln a)$.

若 $a = 1$, 则定义 $\forall x \in \mathbb{R}, a^x = 1$.

记 $\mathrm{e} = \exp 1$, 从而 $\forall x \in \mathbb{R}, \exp x = \mathrm{e}^x$.

有了这个新记号, 下面来看自然对数函数和自然指数函数的常用性质的推广.

定理 5.1.7 (1) $\forall x \in \mathbb{R}, \ln a^x = x \ln a$.

(2) $\forall x \in \mathbb{R}, \forall y \in \mathbb{R}, a^x a^y = a^{x+y}, a^{x-y} = \dfrac{a^x}{a^y}, (a^x)^y = a^{xy}$.

证明: (1) 由以 a 为底的指数函数的定义有

$$\forall x \in \mathbb{R}_+^*, \ln a^x = \ln(\exp(x \ln a)) = x \ln a$$

(2) 前面两个性质: 只是定理 5.1.6中性质 (5) 用 a^z 替换 $\exp_a z$ 后的形式. 对于第③条, 取 x, y 为实数, 由以 a 为底的指数函数的定义及第 (1) 条性质, 有

$$(a^x)^y = \exp_{a^x} y = \exp(y \ln a^x) = \exp(xy \ln a) = \exp_a xy = a^{xy}$$

本小节仅从以 ln 为原函数的函数 $x \mapsto \dfrac{1}{x}$ 出发, 生成了许多分析中的基本函数, 而且还推广了乘幂的概念.

§5.2 反三角函数

本节学习反三角函数 (fonctions circulaires réciproques), 即 cos, sin 与 tan 的反函数.

§5.2.1 反正弦函数

正弦函数并不是从实数集 $\mathbb{R}$ 到 $[-1,1]$ 上的双射, 事实上, 它是 $2\pi-$ 周期的, 故 -1 到 1 之间的所有数在正弦函数下都有无穷多个原像.

尝试缩小到一个最大的最简单的使得正弦函数在其上是双射的区间. 已知 sin 在区间 $\left[-\dfrac{\pi}{2}, \dfrac{\pi}{2}\right]$ 是严格增的, sin 在区间 $\left[-\dfrac{\pi}{2}, \dfrac{\pi}{2}\right]$ 上是双射. 在 $\dfrac{\pi}{2}$ 以外, 某些值会第二次取到. 同样地, 在 $-\dfrac{\pi}{2}$ 之前也是. 所以定义如下:

定义 5.2.1 反正弦函数 (la fonction arcsinus), 记为 arcsin, 是正弦函数在区间 $\left[-\dfrac{\pi}{2}, \dfrac{\pi}{2}\right]$ 的限制 $\sin|_{[-\frac{\pi}{2}, \frac{\pi}{2}]}$ 的反函数.

定理 5.2.1 *反正弦函数是定义在 $[-1,1]$, 取值于 $\left[-\dfrac{\pi}{2}, \dfrac{\pi}{2}\right]$ 的函数. 它由下面基本性质刻画:*

(1) $\forall x \in [-1,1], \sin(\arcsin x) = x$.

(2) $\forall x \in \left[-\dfrac{\pi}{2}, \dfrac{\pi}{2}\right], \arcsin(\sin x) = x$.

(3) *反正弦函数是一个奇函数.*

证明: 本定理第 (1), (2) 条都是反函数的定义及性质应用到正弦函数的结论. 下面只证 arcsin 是奇函数.

设 $x\in[-1,1]$, $\arcsin(-x)$ 是关于 y 的方程

$$\sin y=-x \tag{5.1}$$

在区间 $\left[-\frac{\pi}{2},\frac{\pi}{2}\right]$ 的唯一解. 而正弦函数是奇函数, 故

$$\sin(-\arcsin x)=-\sin(\arcsin x)=-x$$

所以 $-\arcsin x$ 是方程 (5.1) 的解, 且介于 $-\frac{\pi}{2}$ 与 $\frac{\pi}{2}$ 之间. 于是 $-\arcsin x=\arcsin(-x)$.

注 5.2.1 **定理 5.2.1**中性质 $\forall x\in\left[-\frac{\pi}{2},\frac{\pi}{2}\right]$, $\arcsin(\sin x)=x$ 的精确表述是很重要的. 这个定理说明由公式 $\arcsin(\sin x)=x$ 在区间 $\left[-\frac{\pi}{2},\frac{\pi}{2}\right]$ 找到的 x 是有效的. 而且在别处没有! 例如, $\arcsin\left(\sin\frac{\pi}{3}\right)=\frac{\pi}{3}$, 但是 $\arcsin\left(\sin\frac{2\pi}{3}\right)=\arcsin\frac{\sqrt{3}}{2}=\frac{\pi}{3}$.

下面研究反正弦函数的可导性.

定理 5.2.2 (1) $\forall x\in[-1,1], \cos(\arcsin x)=\sqrt{1-x^2}$.

(2) 函数 arcsin 在区间 $]-1,1[$ 上可导, 且 $\forall x\in]-1,1[, \arcsin' x=\dfrac{1}{\sqrt{1-x^2}}$.

(3) 函数 arcsin 在区间 $[-1,1]$ 上严格增.

证明: (1) 设 $x\in[-1,1]$. 由于 $\cos^2(\arcsin x)+\underbrace{\sin^2(\arcsin x)}_{=x^2}=1$,

故

$$\cos(\arcsin x)=\sqrt{1-x^2}\text{或}-\sqrt{1-x^2}$$

为了确定正负号, 考虑: $\arcsin x$ 包含在 $-\frac{\pi}{2}$ 到 $\frac{\pi}{2}$ 之间, 于是 $\cos(\arcsin x)$ 是非负的. 故 $\forall x\in[-1,1], \cos(\arcsin x)=\sqrt{1-x^2}$.

(2) 根据反函数的导函数定理知, 由于 sin 的导函数是 cos, 它在区间 $]\frac{\pi}{2},\frac{\pi}{2}[$ 上无零点, 且 sin 是 $]-\frac{\pi}{2},\frac{\pi}{2}[$ 到 $]-1,1[$ 的双射. 故其反函数 arcsin 在区间 $]-1,1[$ 上是可导的, 其导函数值为

$$\forall x\in]-1,1[, \arcsin' x=\frac{1}{\sin'(\arcsin x)}=\frac{1}{\cos(\arcsin x)}=\frac{1}{\sqrt{1-x^2}}$$

(3) 因为 $\arcsin'$ 在 $]-1,1[$ 区间取正值, 故这一条是显然的.

最后给出一些 arcsin 函数的值 (见表 5.1), 并画出其图像 (见图 5.1).

表 5.1 一些 arcsin 的值

x	-1	$-\frac{\sqrt{3}}{2}$	$-\frac{\sqrt{2}}{2}$	$-\frac{1}{2}$	0	$\frac{1}{2}$	$\frac{\sqrt{2}}{2}$	$\frac{\sqrt{3}}{2}$	1
$\arcsin x$	$-\frac{\pi}{2}$	$-\frac{\pi}{3}$	$-\frac{\pi}{4}$	$-\frac{\pi}{6}$	0	$\frac{\pi}{6}$	$\frac{\pi}{4}$	$\frac{\pi}{3}$	$\frac{\pi}{2}$

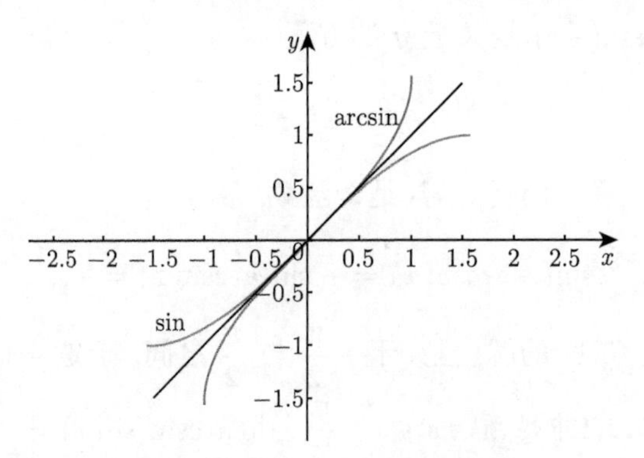

图 5.1　正弦和反正弦函数曲线

§ 5.2.2　反余弦函数

定义 5.2.2　反余弦函数 (la fonction arccosinus), 记为 arccos, 是函数 cos 在 $[0,\pi]$ 上限制 $\cos|_{[0,\pi]}$ 的反函数.

定理 5.2.3　arccos 是定义在 $[-1,1]$ 上取值于 $[0,\pi]$ 的函数. 它由下面基本性质刻画:

(1) $\forall x\in[-1,1], \cos(\arccos x)=x$.

(2) $\forall x\in[0,\pi], \arccos(\cos x)=x$.

(3) $\forall x\in[-1,1], \arccos(-x)=\pi-\arccos x$.

证明: 只有最后一条不是反函数的定义与性质的直接推论.

回忆 $\arccos(-x)$ 是方程 $\cos y=-x$ 在 $[0,\pi]$ 中的唯一解.

而

$$\pi-\arccos x\in[0,\pi], \cos(\pi-\arccos x)=-x$$

于是

$$\arccos(-x)=\pi-\arccos x$$

与反正弦函数一样, 下面研究 arccos 的可导性.

定理 5.2.4　(1) $\forall x\in[-1,1], \sin(\arccos x)=\sqrt{1-x^2}$.

(2) 函数 arccos 在区间 $]-1,1[$ 上可导, 且 $\forall x\in]-1,1[, \arccos' x=-\dfrac{1}{\sqrt{1-x^2}}$.

(3) 反余弦函数在区间 $[-1,1]$ 上是严格减的.

(4) $\forall x\in[-1,1], \arccos x+\arcsin x=\dfrac{\pi}{2}$.

证明: (1) 设 $x\in[-1,1]$, 已知 $\underbrace{\cos^2(\arccos x)}_{=x^2}+\sin^2(\arccos x)=1$.

故

$$\sin(\arccos x) = \sqrt{1-x^2}\text{或} - \sqrt{1-x^2}$$

由于 $\arccos x$ 包含在 0 到 π 之间, 故 $\sin(\arccos x)$ 非负. 从而得证.

(2) 函数 cos 在区间 $]0,\pi[$ 可导, 是 $]0,\pi[$ 到 $]-1,1[$ 的双射, 且其导函数 $-\sin$ 无零点. 根据反函数的导函数定理知, arccos 在区间 $]-1,1[$ 可导, 且

$$\forall x \in]-1,1[, \quad \arccos' x = \frac{1}{\cos'(\arccos x)} = \frac{1}{-\sin(\arccos x)} = -\frac{1}{\sqrt{1-x^2}}$$

(3) 由 arccos 的导函数在 $]-1,1[$ 区间取负值立即可知 $\arccos x$ 是严格减的.

(4) 根据求 $\arccos'$ 与 $\arcsin'$ 的过程, 证明了 $\forall x \in]-1,1[, \arccos' x = -\arcsin' x$. 换言之,

$$\forall x \in]-1,1[, (\arccos + \arcsin)'(x) = 0$$

故函数 $\arccos + \arcsin$ 在区间 $]-1,1[$ 上是常数, 这个常数可以由区间 $]-1,1[$ 上任意一点的值得到. 例如, $\arccos 0 + \arcsin 0 = \frac{\pi}{2} + 0 = \frac{\pi}{2}$.
故

$$\forall x \in]-1,1[, \arccos x + \arcsin x = \frac{\pi}{2}$$

最后证明:

$$\arccos(-1) + \arcsin(-1) = \pi - \frac{\pi}{2} = \frac{\pi}{2}$$

及

$$\arccos 1 + \arcsin 1 = 0 + \frac{\pi}{2} = \frac{\pi}{2}$$

从而得证.

根据定理 5.2.4, 函数 arccos 的曲线很容易从 arcsin 的曲线得到, 即只须将后者沿横轴翻转, 然后向上平移 $\frac{\pi}{2}$. 余弦和反余弦函数曲线如图 5.2 所示.

注 5.2.2 函数 arccos 的图像关于点 $A = \left(0, \frac{\pi}{2}\right)$ 对称. 事实上, 记 $M = (x, \arccos x)$, $N = (-x, \arccos(-x))$, $x \in [-1,1]$. 根据**定理 5.2.3**, 有 $N = (-x, \pi - \arccos x)$. 于是可证

$$\overrightarrow{AM} = \begin{pmatrix} x \\ \arccos x - \frac{\pi}{2} \end{pmatrix}$$

且

$$\overrightarrow{NA} = \begin{pmatrix} x \\ \arccos x - \frac{\pi}{2} \end{pmatrix}$$

故

$$\overrightarrow{AM} = \overrightarrow{NA} \tag{5.2}$$

式 (5.2) 表明点 M, N 关于 A 点对称，当给出 arccos 的图像时就能证明这个对称.

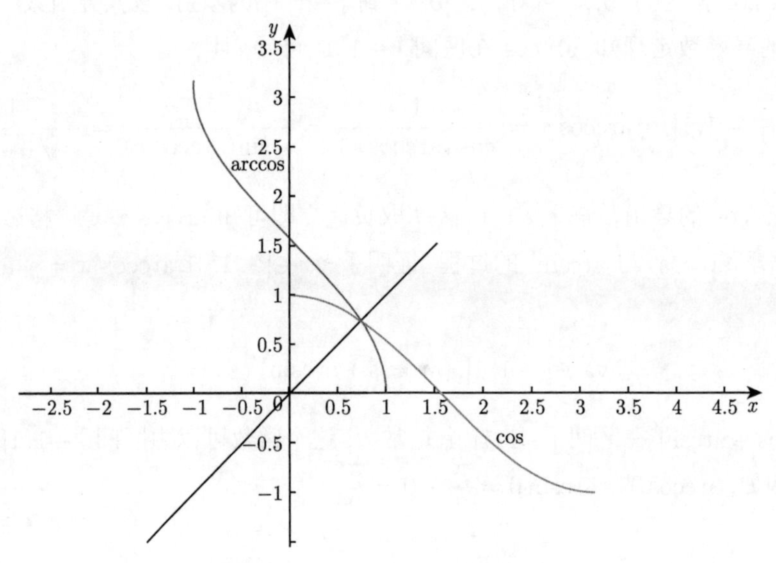

图 5.2　余弦和反余弦函数曲线

§5.2.3　反正切函数

反正切函数是正切函数的反函数.

定义 5.2.3　反正切函数 (la fonction arctangente)，记为 arctan，是函数 tan 在区间 $]-\dfrac{\pi}{2},\dfrac{\pi}{2}[$ 上的限制 $\tan|_{]-\frac{\pi}{2},\frac{\pi}{2}[}$ 的反函数.

定理 5.2.5　arctan 是定义在 $\mathbb{R}$ 上取值于 $]-\dfrac{\pi}{2},\dfrac{\pi}{2}[$ 的函数，由下面基本性质刻画：

(1) $\forall x \in \mathbb{R}, \tan(\arctan x) = x$.

(2) $\forall x \in]-\dfrac{\pi}{2},\dfrac{\pi}{2}[, \arctan(\tan x) = x$.

(3) $\forall x \in]-\dfrac{\pi}{2},\dfrac{\pi}{2}[, \arctan(-x) = -\arctan x$.

证明：　所有证明都与 arcsin 一样，唯一不同的是考虑的区间不同. 也就是说 tan 是 $]-\dfrac{\pi}{2},\dfrac{\pi}{2}[$ 到 $\mathbb{R}$ 的双射. 故其反函数是 $\mathbb{R}$ 到 $]-\dfrac{\pi}{2},\dfrac{\pi}{2}[$ 的双射.

下面继续介绍 arctan 的可导性及极限的性质.

定理 5.2.6　(1) 函数 arctan 在 $\mathbb{R}$ 上可导，且 $\forall x \in \mathbb{R}, \arctan' x = \dfrac{1}{1+x^2}$.

(2) 函数 arctan 在 $\mathbb{R}$ 上严格增.

(3) $\forall x > 0, \arctan x + \arctan \dfrac{1}{x} = \dfrac{\pi}{2}$.

(4) $\lim\limits_{x\to-\infty}\arctan x=-\dfrac{\pi}{2}, \lim\limits_{x\to+\infty}\arctan x=\dfrac{\pi}{2}$.

证明: (1) 还是利用反函数的导函数定理, 函数 tan 的导函数为 $1+\tan^2$, 从而在区间 $\left]-\dfrac{\pi}{2},\dfrac{\pi}{2}\right[$ 上无零点, 故其反函数在 $\mathbb{R}$ 上可导, 而且

$$\forall x\in\mathbb{R}, \arctan' x=\frac{1}{\tan'(\arctan x)}=\frac{1}{1+\tan^2(\arctan x)}=\frac{1}{1+x^2}$$

(2) 函数 arctan 严格增, 其导函数是取正值的.

(3) 定义:

$$\forall x>0, g(x)=\arctan x+\arctan\frac{1}{x}$$

根据复合函数的导函数定理知, g 可导, 且

$$\forall x>0, g'(x)=\arctan' x-\frac{1}{x^2}\arctan'\frac{1}{x}=\frac{1}{1+x^2}-\frac{1}{x^2\left(1+\dfrac{1}{x^2}\right)}=0$$

故 g 是常值函数. 这个常值函数的值可以在所有点取到. 特别地

$$g(1)=\arctan 1+\arctan 1=\frac{\pi}{4}+\frac{\pi}{4}=\frac{\pi}{2}$$

因此, 有

$$\forall x>0, \arctan x+\arctan\frac{1}{x}=\frac{\pi}{2}$$

(4) 由第 (3) 条里证明的关系式得

$$\frac{\pi}{2}=\lim_{x\to0^+}\arctan x+\lim_{x\to0^+}\arctan\frac{1}{x}$$

故

$$\lim_{x\to+\infty}\arctan x=\frac{\pi}{2}$$

由于 arctan 是奇函数, 因此 $\lim\limits_{x\to-\infty}\arctan x=-\dfrac{\pi}{2}$.

arctan 函数曲线如图 5.3 所示.

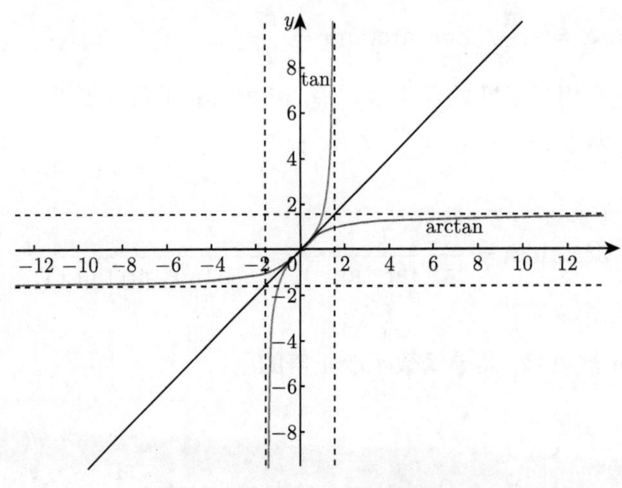

图 5.3 正切和反正切函数曲线

§5.3 双曲函数

§5.3.1 双曲函数

双曲函数 (fonctions hyperboliques directes) 主要是指双曲正弦函数, 双曲余弦函数和双曲正切函数.

定义 5.3.1 双曲余弦函数和双曲正弦函数分别记为 ch 与 sh, 定义在 $\mathbb{R}$ 上由关系式

$$\forall x \in \mathbb{R}, \mathrm{ch}x = \frac{\mathrm{e}^x + \mathrm{e}^{-x}}{2} 与 \mathrm{sh}x = \frac{\mathrm{e}^x - \mathrm{e}^{-x}}{2}$$

定义.

由于函数 ch 是取正值的, 故可以定义双曲正切函数. 双曲正切函数记为 th, 由关系式

$$\forall x \in \mathbb{R}, \mathrm{th}x = \frac{\mathrm{sh}x}{\mathrm{ch}x} = \frac{\mathrm{e}^x - \mathrm{e}^{-x}}{\mathrm{e}^x + \mathrm{e}^{-x}}$$

定义.

这些函数是由具体的公式定义的, 故用中学学过的工具和手段是容易研究的, 因此有以下定理.

定理 5.3.1 (1) $\forall x \in \mathbb{R}, \mathrm{ch}^2 x - \mathrm{sh}^2 x = 1$.

(2) ch, sh 与 th 在 $\mathbb{R}$ 上可导, 且有

$$\forall x \in \mathbb{R}, \mathrm{ch}'x = \mathrm{sh}x, \mathrm{sh}'x = \mathrm{ch}x$$

且

$$\mathrm{th}'x = \frac{1}{\mathrm{ch}^2 x} = 1 - \mathrm{th}^2 x$$

(3) ch 是偶函数, sh 与 th 是奇函数.

(4) ch, sh 与 th 函数有下列极限:

$$\lim_{x\to+\infty}\mathrm{ch}x=\lim_{x\to-\infty}\mathrm{ch}x=+\infty$$

$$\lim_{x\to-\infty}\mathrm{sh}x=-\infty,\ \lim_{x\to+\infty}\mathrm{sh}x=+\infty$$

$$\lim_{x\to-\infty}\mathrm{th}x=-1,\ \lim_{x\to+\infty}\mathrm{th}x=1$$

(5) th 与 sh 在 $\mathbb{R}$ 上严格增; ch 在 $\mathbb{R}_-$ 严格减, 在 $\mathbb{R}_+$ 严格增.

值得注意的是, 函数 ch 有一个简单的物理解释, 即拿着一条链子并吊起它的两端, 形成的曲线形为 $x\mapsto A\mathrm{ch}(\alpha x+\beta)$, 这条曲线称为悬链线.

通过下面的定理可以发现, 双曲函数与三角函数有相似之处:

定理 5.3.2 函数 ch, sh 与 th 满足下列加法公式:

$$\begin{aligned}\forall\alpha\in\mathbb{R},\forall\beta\in\mathbb{R},\quad&\mathrm{ch}(\alpha+\beta)=\mathrm{ch}\alpha\mathrm{ch}\beta+\mathrm{sh}\alpha\mathrm{sh}\beta,\mathrm{ch}(\alpha-\beta)=\mathrm{ch}\alpha\mathrm{ch}\beta-\mathrm{sh}\alpha\mathrm{sh}\beta\\&\mathrm{sh}(\alpha+\beta)=\mathrm{sh}\alpha\mathrm{ch}\beta+\mathrm{sh}\beta\mathrm{ch}\alpha,\mathrm{sh}(\alpha-\beta)=\mathrm{sh}\alpha\mathrm{ch}\beta-\mathrm{sh}\beta\mathrm{ch}\alpha\\&\mathrm{th}(\alpha+\beta)=\frac{\mathrm{th}\alpha+\mathrm{th}\beta}{1+\mathrm{th}\alpha\mathrm{th}\beta},\qquad\mathrm{th}(\alpha-\beta)=\frac{\mathrm{th}\alpha-\mathrm{th}\beta}{1-\mathrm{th}\alpha\mathrm{th}\beta}\\&\mathrm{ch}\alpha+\mathrm{ch}\beta=2\mathrm{ch}\frac{\alpha+\beta}{2}\mathrm{ch}\frac{\alpha-\beta}{2},\mathrm{ch}\alpha-\mathrm{ch}\beta=2\mathrm{sh}\frac{\alpha+\beta}{2}\mathrm{sh}\frac{\alpha-\beta}{2}\\&\mathrm{sh}\alpha+\mathrm{sh}\beta=2\mathrm{sh}\frac{\alpha+\beta}{2}\mathrm{ch}\frac{\alpha-\beta}{2},\mathrm{sh}\alpha-\mathrm{sh}\beta=2\mathrm{sh}\frac{\alpha-\beta}{2}\mathrm{ch}\frac{\alpha+\beta}{2}\end{aligned}$$

证明: 只须依照定义计算.

双曲函数图像如图 5.4 所示.

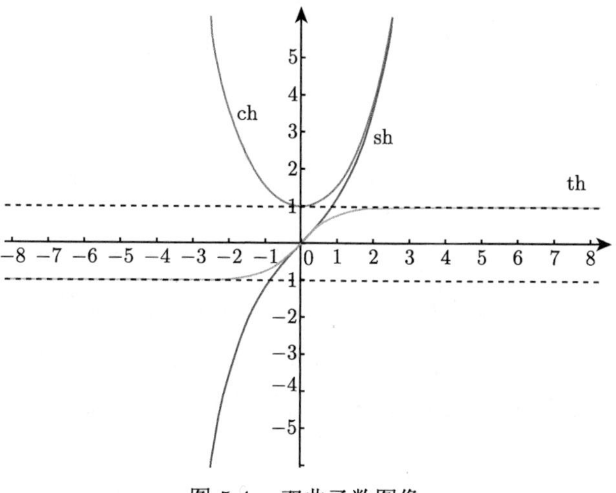

图 5.4 双曲函数图像

§5.3.2　反双曲函数

反双曲函数 (fonctions hyperboliques réciproques) 指的是双曲函数的反函数.

定义 5.3.2　双曲正弦函数在 $\mathbb{R}$ 上是连续的、严格增的, 它定义了一个 $\mathbb{R}$ 到 $\mathbb{R}$ 的双射, 它的反函数称为反双曲正弦 (argument sinus hyperbolique), 并记为 argsh.

由定义 5.3.2 可知, 反双曲正弦函数是 $\mathbb{R}$ 到 $\mathbb{R}$ 的严格增的、连续的双射, 是一个奇函数的反函数.

定理 5.3.3　*反双曲正弦函数是定义在 $\mathbb{R}$ 上取值于 $\mathbb{R}$ 的函数, 由如下性质刻画:*

(1) $\forall x \in \mathbb{R}, \mathrm{sh}(\mathrm{argsh} x) = x$.

(2) $\forall x \in \mathbb{R}, \mathrm{argsh}(\mathrm{sh} x) = x$.

(3) argsh *是一个奇函数.*

定理 5.3.4　(1) $\forall x \in \mathbb{R}, \mathrm{ch}(\mathrm{argsh} x) = \sqrt{x^2+1}$.

(2) *反双曲正弦函数在 $\mathbb{R}$ 上可导, 且* $\forall x \in \mathbb{R}, \mathrm{argsh}'(x) = \dfrac{1}{\sqrt{x^2+1}}$.

(3) *反双曲正弦函数在 $\mathbb{R}$ 上严格增.*

(4) $\forall x \in \mathbb{R}, \mathrm{argsh}(x) = \ln(x+\sqrt{x^2+1})$.

(5) $\lim\limits_{x \to -\infty} \mathrm{argsh} x = -\infty$, $\lim\limits_{x \to +\infty} \mathrm{argsh} x = +\infty$.

证明: (1) 由关系式 $\forall x \in \mathbb{R}, \mathrm{ch}^2 x - \mathrm{sh}^2 x = 1$ 以及函数 ch 的非负性可得

$$\forall x \in \mathbb{R}, \mathrm{ch}(\mathrm{argsh} x) = \sqrt{x^2+1}$$

(2) 已知双曲正弦函数在 $\mathbb{R}$ 可导, 且 sh′ 在 $\mathbb{R}$ 取正值 (无零点), 由反函数的可导性知 argsh 在 $\mathbb{R}$ 可导, 且

$$\forall x \in \mathbb{R}, \mathrm{argsh}'(x) = \frac{1}{\mathrm{sh}'(\mathrm{argsh} x)} = \frac{1}{\mathrm{ch}(\mathrm{argsh} x)} = \frac{1}{\sqrt{x^2+1}}$$

(3) 由 (2) 知, argsh 的导函数在 $\mathbb{R}$ 上取正值, 因此 argsh 在 $\mathbb{R}$ 上严格增.

(4) 设 $x \in \mathbb{R}$,

$$y = \mathrm{argsh} x \Leftrightarrow x = \mathrm{sh} y \Leftrightarrow x = \frac{\mathrm{e}^y - \mathrm{e}^{-y}}{2} \Leftrightarrow \mathrm{e}^{2y} - 2x\mathrm{e}^y - 1 = 0$$

$$\Leftrightarrow \mathrm{e}^y \text{是方程} z^2 - 2xz - 1 = 0 \text{的根}$$

方程 $z^2 - 2xz - 1 = 0$ 有两个根, 即 $x+\sqrt{x^2+1}$ 和 $x-\sqrt{x^2+1}$. 由于 $\forall y \in \mathbb{R}$, $\mathrm{e}^y > 0$. 而 $x-\sqrt{x^2+1} < 0$, 故 $\mathrm{e}^y = x+\sqrt{x^2+1}$, 从而 $y = \ln(x+\sqrt{x^2+1})$.

(5) 由 (4) 知, $\forall x \in \mathbb{R}, \mathrm{argsh} x = \ln(x+\sqrt{x^2+1}) \underset{x \to +\infty}{\longrightarrow} +\infty$. 由于 argsh 是奇函数, 故 $\lim\limits_{x \to -\infty} \mathrm{argsh} x = -\infty$.

反双曲正弦的图像如图 5.5 所示.

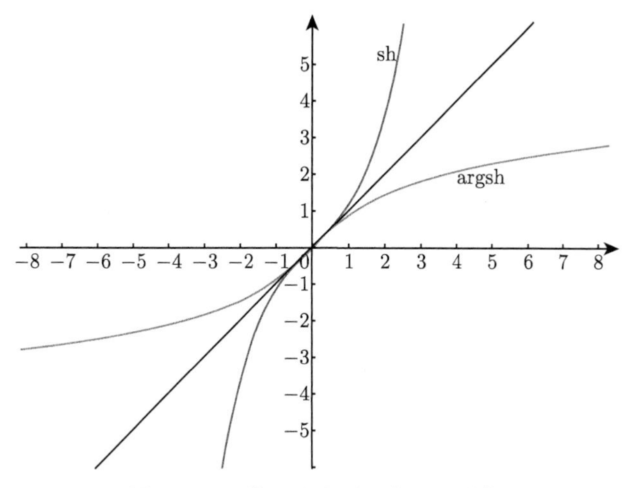

图 5.5 双曲正弦和反双曲正弦图像

定义 5.3.3 双曲余弦函数在 $\mathbb{R}_+$ 上是连续的、严格增的, 它定义了区间 $\mathbb{R}_+$ 到它的像集 $[1,+\infty[$ 的一个双射, 其反函数称为反双曲余弦 (argument cosinus hyperbolique), 记为 argch.

由定义 5.3.3 知, 反双曲余弦函数是 $[1,+\infty[$ 到 $\mathbb{R}_+$ 的严格增的、连续的双射.

定理 5.3.5 反双曲余弦函数是定义在 $[1,+\infty[$ 上取值于 $\mathbb{R}_+$ 的函数, 由如下性质刻画:

(1) $\forall x\in[1,+\infty[,\mathrm{ch}(\mathrm{argch}x)=x$.

(2) $\forall x\in\mathbb{R},\mathrm{argch}(\mathrm{ch}x)=|x|$.

定理 5.3.6 (1) $\forall x\in[1,+\infty[,\mathrm{sh}(\mathrm{argch}x)=\sqrt{x^2-1}$.

(2) 反双曲余弦函数在区间 $]1,+\infty[$ 可导, 且 $\forall x\in]1,+\infty[,\mathrm{argch}'(x)=\dfrac{1}{\sqrt{x^2-1}}$.

(3) argch 在区间 $[1,+\infty[$ 严格增.

(4) $\forall x\in[1,+\infty[,\mathrm{argch}(x)=\ln(x+\sqrt{x^2-1})$.

(5) $\lim\limits_{x\to+\infty}\mathrm{argch}x=+\infty$.

证明: (1) 由关系式 $\forall x\in\mathbb{R},\mathrm{ch}^2x-\mathrm{sh}^2x=1$ 以及函数 sh 在 $\mathbb{R}_+$ 的非负性可得

$$\forall x\in[1,+\infty[,\mathrm{sh}(\mathrm{argch}x)=\sqrt{x^2-1}$$

(2) 已知双曲余弦函数在 $\mathbb{R}$ 上可导, 且 ch′ 在 $]0,+\infty[$ 取正值 (无零点), 由反函数的可导性知 argch 在 $]1,+\infty[$ 可导, 且

$$\forall x\in]1,+\infty[,\mathrm{argch}'(x)=\frac{1}{\mathrm{ch}'(\mathrm{argch}x)}=\frac{1}{\mathrm{sh}(\mathrm{argch}x)}=\frac{1}{\sqrt{x^2-1}}$$

(3) 由 (2) 知, argch 的导函数在 $]1,+\infty[$ 区间上取正值, 因此 argch 在 $[1,+\infty[$ 区间严格增.

(4) 设 $x \in [1, +\infty[$,

$$y = \text{argch}x \Leftrightarrow x = \text{ch}y \Leftrightarrow x = \frac{\mathrm{e}^y + \mathrm{e}^{-y}}{2} \Leftrightarrow \mathrm{e}^{2y} - 2x\mathrm{e}^y + 1 = 0$$

$$\Leftrightarrow \mathrm{e}^y\text{是方程}z^2 - 2xz + 1 = 0\text{的根}$$

方程 $z^2 - 2xz + 1 = 0$ 有两个根, 即 $x + \sqrt{x^2 - 1}$ 和 $x - \sqrt{x^2 - 1}$. 由于 $\forall x \geqslant 1, y = \text{argch}x \geqslant 0$, 从而 $\mathrm{e}^y \geqslant 1$. 而 $x - \sqrt{x^2 - 1} \geqslant 1 \Leftrightarrow x - 1 \geqslant \sqrt{x^2 - 1} \Leftrightarrow (x-1)^2 \geqslant x^2 - 1 \Leftrightarrow x \leqslant 1$. 故 $\mathrm{e}^y = x + \sqrt{x^2 - 1}$, 从而 $y = \ln(x + \sqrt{x^2 - 1})$.

(5) 由 (4) 知, $\forall x \geqslant 1, \text{argch}x = \ln(x + \sqrt{x^2 - 1}) \underset{x \to +\infty}{\longrightarrow} +\infty$.

反双曲余弦图像如图 5.6 所示.

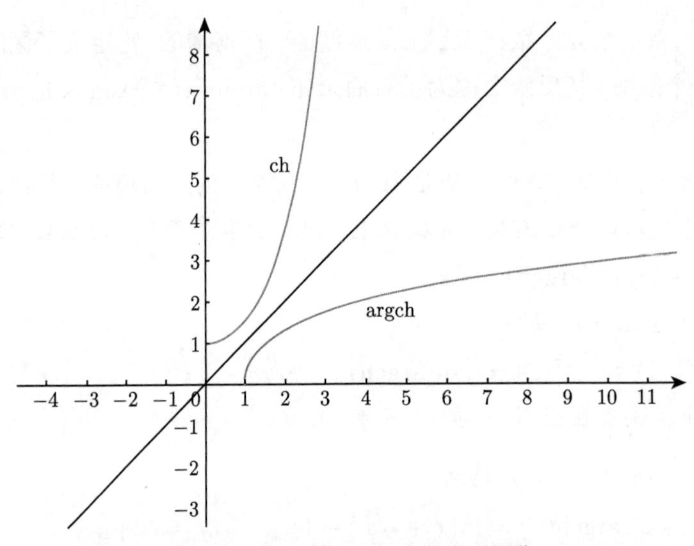

图 5.6　双曲余弦和反双曲余弦图像

定义 5.3.4　双曲正切函数在 $\mathbb{R}$ 上是连续的、严格增的, 它定义了 $\mathbb{R}$ 到其像集 $]-1, 1[$ 的双射, 其反函数称为反双曲正切函数 (argument tangente hyperbolique), 并记为 argth.

定理 5.3.7　argth 是定义在 $]-1, 1[$ 上取值于 $\mathbb{R}$ 的函数, 由如下性质刻画:

(1) $\forall x \in]-1, 1[, \text{th}(\text{argth}x) = x$.

(2) $\forall x \in \mathbb{R}, \text{argth}(\text{th}x) = x$.

(3) argth 是一个奇函数.

定理 5.3.8　(1) argth 在区间 $]-1, 1[$ 上可导, 且 $\forall x \in]-1, 1[, \text{argth}'(x) = \dfrac{1}{1 - x^2}$.

(2) argth 在区间 $]-1, 1[$ 严格增.

(3) $\forall x\in]-1,1[,\operatorname{argth}x=\dfrac{1}{2}\ln\dfrac{1+x}{1-x}$.

(4) $\lim\limits_{x\to-1^+}\operatorname{argth}x=-\infty,\ \lim\limits_{x\to1^-}\operatorname{argth}x=+\infty$.

证明: (1) 由于双曲正切函数 th 在 $\mathbb{R}$ 上可导且导函数取正值, 故由反函数的可导性定理 argth 在 $]-1,1[$ 上可导, 且 $\forall x\in]-1,1[,\operatorname{argth}'x=\dfrac{1}{1-\operatorname{th}^2(\operatorname{argth}x)}=\dfrac{1}{1-x^2}$.

(2) 由 (1) 知, $\forall x\in]-1,1[,\operatorname{argth}'x>0$. 故 argth 在 $]-1,1[$ 严格增.

(3) 设 $x\in]-1,1[$,

$$y=\operatorname{argth}x\Leftrightarrow x=\operatorname{th}y\Leftrightarrow x=\frac{\mathrm{e}^y-\mathrm{e}^{-y}}{\mathrm{e}^y+\mathrm{e}^{-y}}$$

$$\Leftrightarrow\mathrm{e}^{2y}=\frac{1+x}{1-x}\Leftrightarrow y=\frac{1}{2}\ln\frac{1+x}{1-x}$$

则

$$\operatorname{argth}x=\frac{1}{2}\ln\frac{1+x}{1-x}$$

(4) 由 (3) 知 $\operatorname{argth}x=\dfrac{1}{2}\ln\dfrac{1+x}{1-x}$, 故 $\lim\limits_{x\to-1^+}\operatorname{argth}x=-\infty,\ \lim\limits_{x\to1^-}\operatorname{argth}x=+\infty$.

双曲正切函数图像如图 5.7 所示.

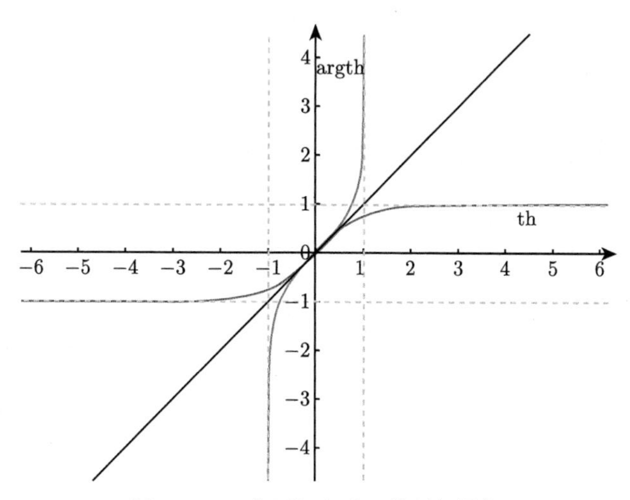

图 5.7　双曲正切和反双曲正切图像

由此, 可以得到双曲函数和反双曲函数图像, 见图 5.8.

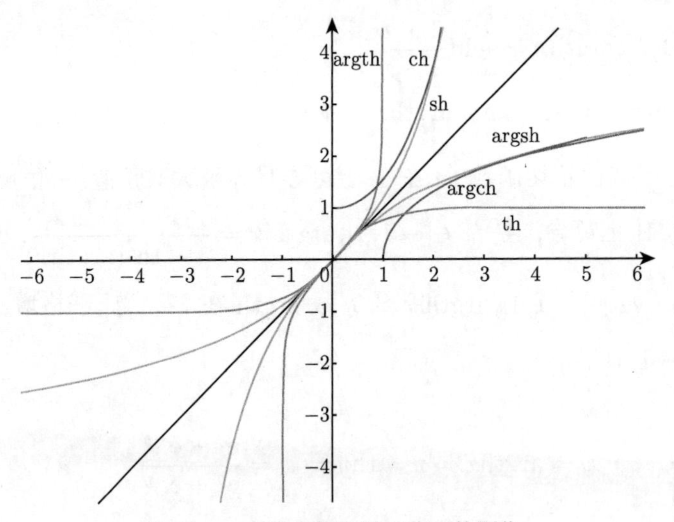

图 5.8　双曲函数和反双曲函数图像

习　题

1. Résoudre dans $(\mathbb{R}_+^*)^2$ le système:

在 $(\mathbb{R}_+^*)^2$ 中解方程组:

$$\begin{cases} 2\log_x y + 2\log_y x = -5 \\ xy = \mathrm{e}. \end{cases}$$

2. Résoudre dans $\mathbb{R}$ les équations suivantes:

在 $\mathbb{R}$ 中解下列方程:

(1) $\ln(x^2-1)+\ln 4=\ln(4x-1)$.

(2) $\ln|x-1|+\ln|x+2|=\ln|4x^2+3x-7|$.

(3) $2^{x^2}=3^{x^3}$.

(4) $x^{\sqrt{x}}=(\sqrt{x})^x$.

(5) $2^{x+1}+4^x=15$.

(6) $4^x-3^{x-\frac{1}{2}}=3^{x+\frac{1}{2}}-2^{2x-1}$.

(7) $\sqrt{x}+\sqrt[3]{x}=2$.

(8) $\log_a(x)=\log_x(a)$, 其中 $a>1$.

3. Simplifier:

化简:

(1) $\mathrm{e}_1=x^{\frac{\ln(\ln x)}{\ln x}}$.

(2) $\mathrm{e}_2=\log_x(\log_x x^{x^y})$.

4. Pour tout $x > 0$, on pose $f(x) = \dfrac{\mathrm{e}^x}{\mathrm{e}^x - 1}$.

对于所有 $x > 0$, 设 $f(x) = \dfrac{\mathrm{e}^x}{\mathrm{e}^x - 1}$.

(1) Montrer que f réalise une bijection de $]0, +\infty[$ vers un intervalle que l'on précisera.

证明 f 是 $]0, +\infty[$ 到一个区间的双射, 并确定这个区间.

(2) Expliciter l'application réciproque de f.

求 f 的反函数.

5. Résoudre dans $\mathbb{R}$: $3^x + 4^x = 5^x$.

在 $\mathbb{R}$ 中解方程: $3^x + 4^x = 5^x$.

6. Résoudre dans$\mathbb{R}$:

在 $\mathbb{R}$ 中解方程组:

$$\begin{cases} x + \mathrm{e}^x = y + \mathrm{e}^y \\ x^2 + xy + y^2 = 27. \end{cases}$$

7. Calculer et simplifier.

计算并化简.

(1) $\arccos\left(\cos\dfrac{2\pi}{3}\right)$.

(2) $\arccos\left(\cos\dfrac{5\pi}{3}\right)$.

(3) $\arccos(\cos 4\pi)$.

(4) $\arctan\left(\tan\dfrac{3\pi}{4}\right)$.

(5) $\sin(\arccos x)$.

(6) $\cos(2\arcsin x)$.

(7) $\cos(\arctan x)$.

(8) $\tan(\arcsin x)$.

8. Résoudre les équations suivantes:

解下列方程:

(1) $\arctan x + \arctan 2x = \dfrac{\pi}{4}$.

(2) $\arcsin x + \arcsin\sqrt{1 - x^2} = \dfrac{\pi}{2}$.

(3) $2\arcsin x = \arcsin(2x\sqrt{1 - x^2})$.

(4) $\arcsin(2x) = \arcsin x + \arcsin(\sqrt{2}x)$.

9. **Sommes d'arctan**:

关于 arctan 的求和问题:

(1) Montrer, $\forall a \in [0,1[, \forall b \in [0,1[$: $\arctan a + \arctan b = \arctan \dfrac{a+b}{1-ab}$.

证明: $\forall a \in [0,1[, \forall b \in [0,1[$: $\arctan a + \arctan b = \arctan \dfrac{a+b}{1-ab}$.

(2) En déduire la valeur de: $S = 5\arctan \dfrac{1}{8} + 2\arctan \dfrac{1}{18} + 3\arctan \dfrac{1}{57}$.

推出下列和式的值: $S = 5\arctan \dfrac{1}{8} + 2\arctan \dfrac{1}{18} + 3\arctan \dfrac{1}{57}$.

10. Calculer: $\arctan \dfrac{x+y}{1-xy} - \arctan x - \arctan y$.

计算: $\arctan \dfrac{x+y}{1-xy} - \arctan x - \arctan y$.

11. Un calcul de $\cos \dfrac{\pi}{5}$.

计算 $\cos \dfrac{\pi}{5}$ 的值.

(1) On considére l'application

考虑函数

$$f:]-\pi, \pi[\backslash\{0\} \to \mathbb{R}, x \mapsto f(x) = \frac{\sin 3x - \sin 2x}{\sin x}$$

Montrer que f admet un prolongement continu g à $]-\pi, \pi[$ et exprimer g (sans fraction).

证明 f 在 $]-\pi, \pi[$ 上有一个连续延拓 g, 并给出 g 的无分式表达式.

(2) En déduire la valeur de $\cos \dfrac{\pi}{5}$.

计算 $\cos \dfrac{\pi}{5}$ 的值.

12. Simplifier:

化简:

$$\frac{\mathrm{ch}(\ln x) + \mathrm{sh}(\ln x)}{x}$$

13. Soient a et b, $b \neq 0$ deux réels, calculer: $\sum\limits_{k=0}^{n} \mathrm{ch}(\mathrm{a} + \mathrm{kb})$.

设 a, b, $b \neq 0$ 是两个实数, 计算 $\sum\limits_{k=0}^{n} \mathrm{ch}(\mathrm{a} + \mathrm{kb})$.

14. Montrer que:

证明:

(1) $\forall x \in \mathbb{R}, \mathrm{argsh} x = \ln(x + \sqrt{1+x^2})$.

(2) $\forall x \geqslant 1, \mathrm{argch} x = \ln(x + \sqrt{x^2-1})$.

(3) $\forall x \in]-1,1[, \mathrm{argth} x = \dfrac{1}{2}\ln(\dfrac{1+x}{1-x})$.

15. Montrer que si: $x = \ln\left[\tan\left(\dfrac{\pi}{4} + \dfrac{y}{2}\right)\right]$ alors $\mathrm{th}\dfrac{x}{2} = \tan\dfrac{y}{2}, \mathrm{th} x = \sin y, \mathrm{ch} x = \dfrac{1}{\cos y}$.

证明: 若 $x=\ln\left[\tan\left(\frac{\pi}{4}+\frac{y}{2}\right)\right]$, 则 $\text{th}\frac{x}{2}=\tan\frac{y}{2}, \text{th}x=\sin y, \text{ch}x=\frac{1}{\cos y}$.

16. On pose $f(x)=\text{argch}\left(\sqrt{\frac{\text{ch}x+1}{2}}\right)$.

设 $f(x)=\text{argch}\left(\sqrt{\frac{\text{ch}x+1}{2}}\right)$, 本题旨在化简 f.

(1) Déterminer l'ensemble de définition de la fonction f.

求 f 的定义域.

(2) Calculer f' lorsque cela est possible, En déduire une expression simple de f.

当 f 可导时, 求 f', 并推出 f 的简单表达式.

参考文献

[1] Claude Deschamps, André Warusfel. Mathématiques TOUT-EN-UN ·1re MPSI-PCSI[M]. Paris: Dunod, 2003.

[2] Nicolas Nguyen, Walter Damin. Mathématiques MPS[M]. Paris: ellipses Press, 2009.

[3] 丘维声. 解析几何 [M]. 北京：北京大学出版社，2015.

[4] 华东师范大学数学系. 数学分析 [M]. 北京：高等教育出版社,2010.